乐高 LEGO

程罡　程嘉名　王晓红◎编著

炫酷机器创意设计

清華大学出版社

北京

内 容 简 介

本书为《乐高简单机械创意设计》的姊妹篇和进阶版，详细讲解了五大类 23 个较为复杂的乐高科技 MOC 作品，包括炫酷车辆、多足机器人、仿生机器人、活动雕塑和炫酷机器等几种类型。这些作品创意精妙、构思奇特、结构精巧、搭建复杂，读来令人眼界大开、叹为观止！通过阅读本书并同步搭建，读者可以学到很多有趣的乐高结构设计知识、机械原理、零件知识和搭建技巧等。

本书适合想提高结构设计水平的乐高爱好者和各类相关培训机构的从业人员阅读。希望通过本书，能够将乐高爱好者从只会看图搭建的必然王国引领到可以实现自主设计的自由王国。

图书在版编目 (CIP) 数据

乐高炫酷机器创意设计 / 程罡，程嘉名，王晓红编著 . —北京：清华大学出版社，2020.7（2025.5重印）
ISBN 978-7-302-55920-7

Ⅰ. ①乐… Ⅱ. ①程… ②程… ③王… Ⅲ. ①智能机器人—程序设计 Ⅳ. ① TP242.6

中国版本图书馆 CIP 数据核字 (2020) 第 115500 号

责任编辑：魏　莹
封面设计：杨玉兰
责任校对：吴春华
责任印制：曹婉颖

出版发行：清华大学出版社
　　　　网　　　　址：https://www.tup.com.cn，https://www.wqxuetang.com
　　　　地　　　　址：北京清华大学学研大厦 A 座　　　　邮　　编：100084
　　　　社 总 机：010-83470000　　　　邮　　购：010-62786544
　　　　投稿与读者服务：010-62776969，c-service@tup.tsinghua.edu.cn
　　　　质 量 反 馈：010-62772015，zhiliang@tup.tsinghua.edu.cn
印 装 者：三河市铭诚印务有限公司
经　　销：全国新华书店
开　　本：185mm×230mm　　　印　　张：13　　　字　　数：208 千字
版　　次：2020 年 8 月第 1 版　　　印　　次：2025 年 5 月第 4 次印刷
定　　价：69.00 元

产品编号：081480-01

前言

　　本书是《乐高简单机械创意设计》（以下称《简单机械》）的姊妹篇，是该书的升级和提高版。《简单机械》所展示的案例相对而言是比较初级和简单的。本书的主题仍然是乐高结构设计，不过书中的案例要高级和复杂许多，也更能体现出乐高结构设计的特色和魅力。

　　大多数的乐高爱好者基本还停留在看图搭建阶段，这是一个相对初级的阶段，但是要想再向前迈出一步，达到自主设计阶段，还需要了解一些结构设计的基本原则和常识。本书的主要目的就是希望把乐高爱好者引领到这样一个层次。

　　本书的构架为六个独立的章节，包括了 MOC 设计的基本原则、炫酷车辆、多足机器人、仿生机器人、活动雕塑和炫酷机器。

　　本书在选择案例时，尽可能收录更丰富的类型，更有创意的作品，希望给读者更多的启发和参考。本书一共收录了 23 个非常有趣的结构设计类作品，其中仿生机器人就有蠕动式、蛇行式、多足式等多种类型，车辆类作品也涵盖了常见轮式和履带式两种类型。

　　本书的案例讲解也较《简单机械》有所不同。虽然每个案例还是分四个小节来讲解，但是不再附上步骤图，而是侧重结构的分析和讲解，以及零件相关知识和搭建环节的注意事项。

　　全书 23 个案例的步骤图多达五百多页，限于篇幅，案例的步骤图不再完整地在书中展示，而是采用时下比较流行的手机扫码的形式。将宝贵的篇幅留给结构部分的讲解，这样既为读者节约了支出，又不妨碍读者的搭建。

《简单机械》一书中所采用的扫码观看作品动态的模块仍然予以保留。

本书在创作过程中，尽量秉持原创精神，但是也不可避免地参考了国内外高手、大神的创意，由于条件所限，无法一一列举，在此一并致歉并表示衷心感谢！

限于笔者本身的水平，本书错讹之处在所难免，欢迎广大读者不吝赐教，多多批评指正，笔者不胜感激。

编　者

目录 | CONTENTS

第 1 章　乐高 MOC 设计概述············**1**

1.1　结构设计的强度原则·················· 1
　　1.1.1　框架类结构······················· 1
　　1.1.2　一些常用的加固方法··········3
　　1.1.3　加强齿轮结构···················4
1.2　结构设计的轻量化原则·············· 9
　　1.2.1　电池箱的选择···················9
　　1.2.2　马达的选择····················· 11
　　1.2.3　薄壁类零件的使用············ 13
1.3　结构设计的美观原则················ 14
　　1.3.1　Jason ····················· 14
　　1.3.2　Madoca ····················· 15
　　1.3.3　Teun de Wijs ············ 15
　　1.3.4　Daniel Schlum ··········· 16

第 2 章　炫酷车辆·····················**17**

2.1　伸缩车······························· 17
　　2.1.1　概述····························· 17
　　2.1.2　动态效果······················· 18
　　2.1.3　结构解析······················· 19
　　2.1.4　搭建指南······················· 21
2.2　四驱四轮转向车···················· 26
　　2.2.1　概述····························· 26

2.2.2　动态效果······················· 27
2.2.3　结构解析······················· 27
2.2.4　搭建指南······················· 29
2.3　万向车······························· 34
　　2.3.1　概述····························· 34
　　2.3.2　动态效果······················· 35
　　2.3.3　结构解析······················· 35
　　2.3.4　搭建指南······················· 36
2.4　方形履带车·························· 40
　　2.4.1　概述····························· 40
　　2.4.2　动态效果······················· 41
　　2.4.3　结构解析······················· 41
　　2.4.4　搭建指南······················· 43
2.5　双差速器履带车···················· 47
　　2.5.1　概述····························· 47
　　2.5.2　动态效果······················· 48
　　2.5.3　结构解析······················· 48
　　2.5.4　搭建指南······················· 51

第 3 章　多足机器人·················**56**

3.1　风力两足机器人···················· 56
　　3.1.1　概述····························· 56
　　3.1.2　动态效果······················· 56
　　3.1.3　结构解析······················· 57

　　　3.1.4　搭建指南 ················ 60

3.2　六足蜘蛛 ·························· 63

　　　3.2.1　概述 ···················· 63

　　　3.2.2　动态效果 ················ 64

　　　3.2.3　结构解析 ················ 64

　　　3.2.4　搭建指南 ················ 67

3.3　另类四足机器人 ·················· 71

　　　3.3.1　概述 ···················· 71

　　　3.3.2　动态效果 ················ 72

　　　3.3.3　结构解析 ················ 72

　　　3.3.4　搭建指南 ················ 74

3.4　遥控转向两足机器人 ·············· 77

　　　3.4.1　概述 ···················· 77

　　　3.4.2　动态效果 ················ 77

　　　3.4.3　结构解析 ················ 78

　　　3.4.4　搭建指南 ················ 79

3.5　Jansen连杆——海滩怪兽 ·········· 83

　　　3.5.1　概述 ···················· 83

　　　3.5.2　动态效果 ················ 84

　　　3.5.3　结构解析 ················ 84

　　　3.5.4　搭建指南 ················ 85

第4章　仿生机器人 ················ 89

4.1　机器蛇 ·························· 89

　　　4.1.1　概述 ···················· 89

　　　4.1.2　动态效果 ················ 90

　　　4.1.3　结构解析 ················ 90

　　　4.1.4　搭建指南 ················ 92

4.2　机器蠕虫 ························ 97

　　　4.2.1　概述 ···················· 97

　　　4.2.2　动态效果 ················ 97

　　　4.2.3　结构解析 ················ 98

　　　4.2.4　搭建指南 ··············· 101

4.3　机器绵羊 ······················ 104

　　　4.3.1　概述 ··················· 104

　　　4.3.2　动态效果 ··············· 105

　　　4.3.3　结构解析 ··············· 106

　　　4.3.4　搭建指南 ··············· 107

4.4　马车 ·························· 112

　　　4.4.1　概述 ··················· 112

　　　4.4.2　动态效果 ··············· 112

　　　4.4.3　结构解析 ··············· 112

　　　4.4.4　搭建指南 ··············· 116

第5章　活动雕塑 ················ 120

5.1　变换的线条 ···················· 121

　　　5.1.1　概述 ··················· 121

　　　5.1.2　动态效果 ··············· 122

　　　5.1.3　结构解析 ··············· 123

　　　5.1.4　搭建指南 ··············· 124

5.2　辛苦工作的人 ·················· 129

　　　5.2.1　概述 ··················· 129

　　　5.2.2　动态效果 ··············· 130

　　　5.2.3　结构解析 ··············· 130

　　　5.2.4　搭建指南 ··············· 134

5.3　炫酷半球 ······················ 136

　　　5.3.1　概述 ··················· 136

　　　5.3.2　动态效果 ··············· 138

5.3.3　结构解析 ……………… 138

5.3.4　搭建指南 ……………… 140

5.4　三层环 ……………………… 143

5.4.1　概述 …………………… 143

5.4.2　动态效果 ……………… 144

5.4.3　行星齿轮机构解析 …… 146

5.4.4　搭建指南 ……………… 147

5.5　风吹麦浪 …………………… 151

5.5.1　概述 …………………… 151

5.5.2　动态效果 ……………… 152

5.5.3　指状连杆机构详解 …… 153

5.5.4　搭建指南 ……………… 154

第 6 章　炫酷机器 …………………… 158

6.1　遥控魔球 …………………… 158

6.1.1　概述 …………………… 158

6.1.2　动态效果 ……………… 159

6.1.3　结构解析 ……………… 160

6.1.4　搭建指南 ……………… 161

6.2　三轴陀飞轮 ………………… 164

6.2.1　概述 …………………… 164

6.2.2　动态效果 ……………… 166

6.2.3　结构解析 ……………… 167

6.2.4　搭建指南 ……………… 170

6.3　遥控火箭炮 ………………… 175

6.3.1　概述 …………………… 175

6.3.2　动态效果 ……………… 175

6.3.3　结构解析 ……………… 176

6.3.4　搭建指南 ……………… 179

6.4　蜘蛛坦克 …………………… 184

6.4.1　概述 …………………… 184

6.4.2　动态效果 ……………… 185

6.4.3　结构解析 ……………… 186

6.4.4　搭建指南 ……………… 189

附录　零件总表 ……………………… 192

第1章

乐高 MOC 设计概述

乐高 MOC 设计可以说是玩乐高的高段位了，很多玩乐高的人没有达到这个高度，主要是因为缺少科学合理的方法和对结构的基本理解。本章讲解一些 MOC 设计中的常用原则和技巧，希望能帮助更多的乐高爱好者早日进入乐高的自由王国，创作出精彩作品。

1.1 结构设计的强度原则

任何结构的设计中，最基本的一个设计原则就是要满足强度需求，确保结构在受力的情况下不会变形、解体、晃动，这样才能确保整个机器的正确运行。

1.1.1 框架类结构

例如，要搭建一个 7×9 单位（1 单位 =8mm，以下同）的长方形框架，高度是 2 个单位。最简单的方案是需要四个黑色 2M 摩擦销（以下简称"黑销"）加四根梁，如图 1-1 所示。

图 1-1　边长 7×9 方框

图 1-1 中的方案虽然简单，但是有一个严重缺陷，就是容易变形，这是由几何中的四边形不稳定性原理决定的。尽管搭建的时候采用了黑销，但是仍然无法避免长方形框架变形成各种形状的平行四边形，如图 1-2 所示。这个方案显然无法达到强度的要求，不能作为一个稳定的结构来选用。

图 1-2　变形成平行四边形

要获得一个稳定的四边形框架，就必须对其进行加固。加固的方案有多种，图 1-3 为其中的一种方案。在两个对角上安装两组 6 孔薄壁梁，这个方案利用了三角形的稳定性原理，在两个对角上搭建出两个三角形。在零件和孔位的选择上，也利用了直角三角形的勾股定理，在局部形成一个"勾三股四弦五"的直角三角形。

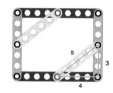

图 1-3　一种加固方案

这个加固方案虽然避免了平行四边形不稳定性带来的变形，使用的零件也不多，但是不足之处也是显而易见的——厚度增加了，达到了 3 个单位；同时因增加了两个斜拉的 6 孔梁，方框的内部不再是一个完整的长方形。因此这个方案并不完美。

图 1-4 为另外两种采用角梁搭建的方案。这两个方案中用到了 2×4 和 3×5 角梁。左侧的方案使用了四根 7 孔梁，右侧的方案则使用了两根 5 孔梁和两根 9 孔梁。两个方案都是稳定的方框形状，内部是完整的长方形，高度也都是 2 个单位。

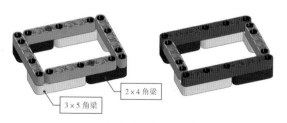

图 1-4　两种加固方案

乍看之下，图 1-4 中的两种方案似乎没有什么区别，都是利用角梁稳定的直角造型为上方的几根直梁提供稳定的支撑。但是仔细分析会发现，左侧的方案中，所有 7 孔梁两端与角梁都有两个或两个以上的重叠孔位，在适当孔位安装上黑销就可以防止两端发生转动。而右侧的方案，5 孔梁和 2×4 角梁的连接只有一个孔位，这个地方会产生转动。因此，右侧方案就不如左侧方案坚固，如图 1-5 所示。

图 1-5　结构对比分析

根据上面的分析，右侧的方案可以做进一步的改进，只需要将两个 2×4 角梁旋转一个方向，使其与 5 孔梁和 9 孔梁的重叠部分都保持在两个以上孔位，这样就可以获得一个坚固的结构，如图 1-6 所示。

图 1-6　改进后的结构

由上述案例的对比可以看出，要获得坚固的结构，两个零件的重叠部分至少需要两个孔位。例如，要获得一个丁字形的稳定结构，在图1-7所示的几个方案中，采用3×5角梁的方案最为坚固，T形梁次之，2×4角梁再次之。但是3×5角梁方案所占空间较大，相对而言，T形梁方案各方面较为均衡。当然，具体到每个机器中，采用哪种方案要看周围情况而定。

图1-7 丁字形结构的搭建方案

图1-8是本书3.3节中的案例——另类四足机器人主框架。为了获得稳定的结构，这里各种梁的组合都遵循了前面讲到的原则。

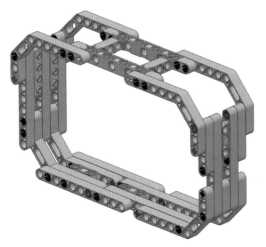

图1-8 另类四足机器人主框架

1.1.2 一些常用的加固方法

本小节列举一些常用的加固方案供读者参考，这些机构都可以视情况在搭建实践中加以使用。

1. 中心距1单位平行梁加固

要使两根中心距为1单位的梁之间获得稳定的结构，可采用两个2×4角梁或米妮＋米奇组合来搭建，如图1-9所示。

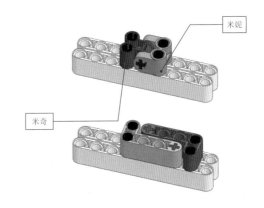

图1-9 中心距为1单位的平行梁加固方法

2. 中心距2单位平行梁加固

要使两根中心距为2单位的梁之间获得稳定的结构，可采用两个T形梁、米奇＋米妮或T形梁＋3×5角梁等方案，如图1-10所示。

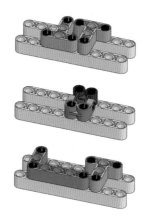

图 1-10　中心距 2 单位平行梁加固

3. 中心距 3 单位平行梁加固

要使两根中心距为 3 单位的梁之间获得稳定的结构,可采用两个 2×4 角梁进行加固,如图 1-11 所示。

图 1-11　中心距 3 单位平行梁加固

4. 中心距 4 单位平行梁加固

要使两根中心距为 4 单位的梁之间获得稳定的结构,可采用圈梁或两个 3×5 角梁加固,如图 1-12 所示。

 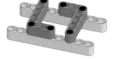

图 1-12　中心距 4 单位平行梁加固

5.2 单位间距平行梁加固

要使两根中心距为 2 单位平行梁获得稳定的结构,可采用 3 美金或双联销进行加固,如图 1-13 所示。

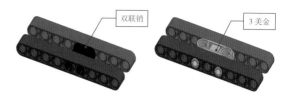

图 1-13　2 单位间距平行梁加固

6. 直角交叉梁加固

空间中直角交叉的两根梁之间的连接和加固,可参考图 1-14 中的几种搭建方法。

图 1-14　直角交叉梁的加固

1.1.3　加强齿轮结构

齿轮结构对于机械而言是极为重要和常见的,设计齿轮结构时,最重要的是安装齿轮的轴类零件必须支撑正确,才能形成较为稳固的结构，否则容易产生变形或晃动。因此，搭建时需要注意以下几点。

- 通常需要由两个点来支撑一根轴。
- 轴的支撑点与齿轮之间的距离越近越好，最好就在齿轮的两侧。
- 尽量避免使用过长的轴，轴越长越容易产生扭曲变形。如果条件许可，可以用联轴器将几根短轴连接成长轴。

图1-15为一款手摇搅拌器初始设计模型。摇杆部分的齿轮传动的形式见图1-15，采用一个32184交叉块作为支撑，中间穿过一根3号轴，两端是手柄和12T锥齿轮。由于只是单点支撑，实际搭建出来之后，在摇动手柄的时候晃动比较大。

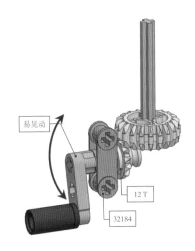

图1-15　单点支撑的齿轮轴（续）

为了克服上述的不足，下面对结构做重新设计。在对面的两个圈梁之间安装一根5孔梁，用5号钉头轴从5孔梁中心孔穿入，另一端再与12T锥齿轮和手柄连接。这样，5号钉头轴的两端都有支撑，运转起来非常稳定，如图1-16所示。

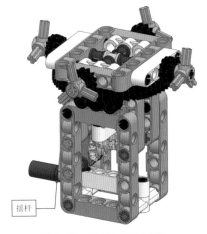

图1-15　单点支撑的齿轮轴

图1-16　加固方案

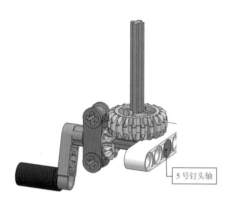

5 号钉头轴

图 1-16　加固方案（续）

套管

图 1-18　加装套管

如图 1-17 所示是一组齿轮机构，安装齿轮的两根轴虽然有两个支撑点，但是齿轮距两侧的支撑点离齿轮较远。这样的结构有两个缺点，一是齿轮容易在轴向上滑动；二是传动轴容易变形。

最坚固的加固方案是在齿轮的两端加装几个 3 孔梁。从两侧将齿轮夹持住，同时轴的支撑点也紧挨住齿轮，这样可以给齿轮提供最有力的支撑，如图 1-19 所示。

间距过大

图 1-17　齿轮两侧间距过大

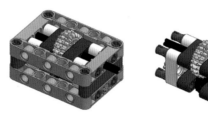

图 1-19　最坚固的加固方案

上图中的加固方案虽然很坚固，但是零件消耗较多。在齿轮的两侧一共使用了 8 根 3 孔梁和 8 个 3 单位摩擦销，共 16 个零件，因此不够轻量化，安装的工作量也较大。

这种情况下的最优加固方案如图 1-20 所示。在梁跟轴之间用两个 3 孔梁纵向连接，这样可以杜绝梁跟轴的弯曲。两侧再安装四个全轴套，防止齿轮的轴向滑动。这个方案

如果在齿轮两端各加装一个套管，这样虽然可以杜绝齿轮在轴向上的滑动，但是对于抑制轴的弯曲变形却收效不大，如图 1-18 所示。

既做到了坚固，也实现了轻量化，一共只用了6个加固零件。

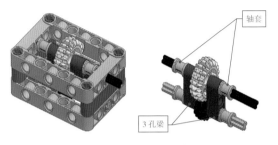

图 1-20　最优加固方案

第2章中的案例万向车上也用到了另一种轴类零件的加固方法。万向车在四个方向上各有一组车轮，每组车轮都使用一根8号轴与主框架连接。由于8号轴与车架仅在一端连接，所以车轮在转动的时候晃动很严重。受到重力的作用，轴会向上弯曲变形，如图 1-21 所示。

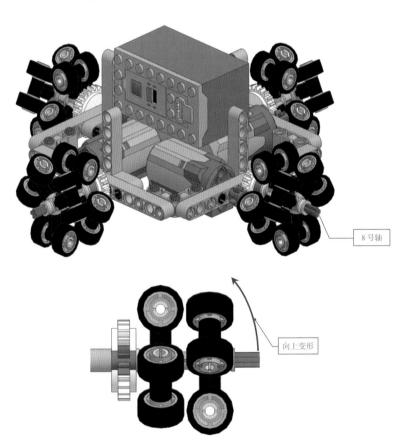

图 1-21　车轮组的初始安装方案

这种情况的加固方法并没有一定之规，总的解决思路是在 8 号轴的外侧增加一个支撑。经过多次测试，最后采取的方法是用大弯梁从车架的上方绕过车轮，从上方对 8 号轴形成支撑。这个加固方案既美观又坚固，是一种比较好的解决方案，如图 1-22 所示。

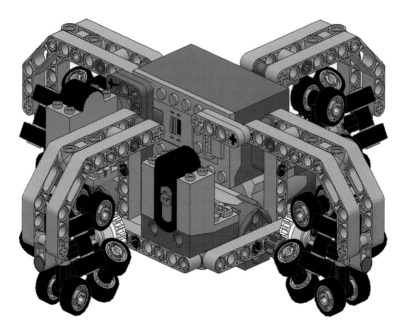

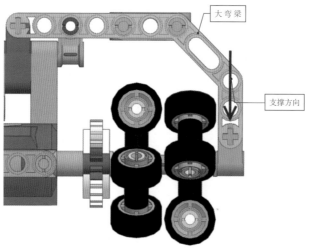

图 1-22　车轮组的加固方法

1.2 结构设计的轻量化原则

在确保了模型结构的强度之后，机器的轻量化和小型化是另一个很重要的设计诉求。更轻量和小巧的机器不但更美观，性能往往会更好。

在能实现相同功能的前提下，体积越小的机器，其设计难度越大。要缩小机器的体积，大致可从以下两个方面入手。

- 绝大多数乐高零件的体积是不能改变的。但是部分零件有厚薄不同的规格，电器件也有不同的规格，可以在满足需求的前提下选用体积较小的零件。
- 从结构入手，尽可能减小机器的体积。

1.2.1 电池箱的选择

在电器件中，电池箱从体积上划分有两个种类：一种是 5 号电池箱（编号 59510），另一种是 7 号电池箱（编号 87513）。

5 号电池箱的三维尺寸达到 4×11×7，质量达到 200g 左右。而 7 号电池箱的体积为 8×4×5，质量为 110g 左右。后者的体积和质量几乎只有前者的一半。两种电池箱的体积对比如图 1-23 所示。

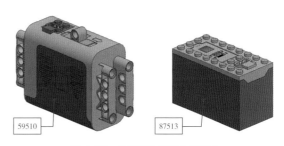

图 1-23　两种电池箱的体积对比

还有一种与 7 号电池箱体积相同的可充电锂电池箱，质量更轻，仅有 75g，如图 1-24 所示。这种电池箱通过充电口就可以进行充电，不需要拆卸下来更换电池。电池箱还带有调速器，可以方便地调节马达的转速。这款电池箱使用更加方便、功能更强大，不过价格较高。

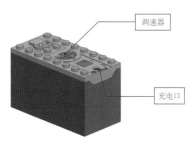

图 1-24　可充电锂电池箱

在结构基本相同的情况下，如果用 7 号电池箱替换 5 号电池箱，可以有效地减小整机的体积。

图 1-25 所示为万向车的两种电池箱方案对比，7 号电池箱由于体积更小，可以安装在主框架的空隙中，顶面与四周的大弯梁持

平，非常整齐美观。5 号电池箱方案受制于体积，只能装在大弯梁的上方，显得比较突兀。

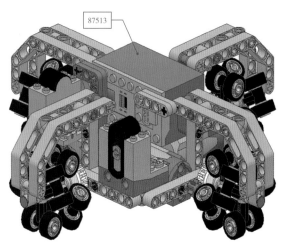

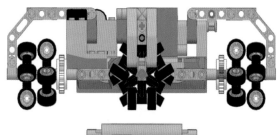

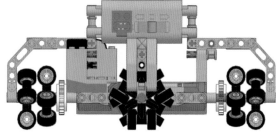

图 1-25　万向车方案对比（续）

由于 5 号电池箱的质量更大，所以整机的质量也随之加大，机器的操控性也不如 7 号电池箱方案。

图 1-26 所示的两款漂移车，它们的功能是完全一样的。左侧采用的是 7 号电池箱，右侧采用的是 5 号电池箱。

5 号电池箱方案的整车长宽高分别为 20、12 和 15 个单位。7 号电池箱方案，由于电池箱体积更小，所以零件的布局和结构可以做得更加紧凑，使整机的体积大幅度缩小，长宽高分别为 16、9 和 12 个单位，较前者小巧了许多。

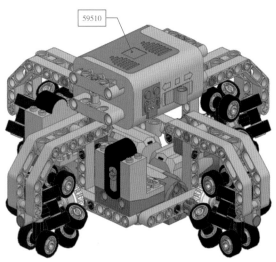

图 1-25　万向车方案对比

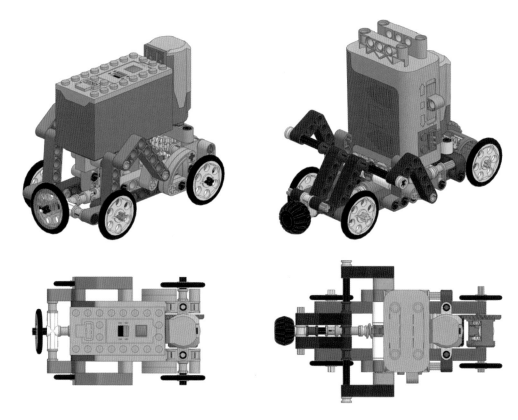

图 1-26 漂移车方案对比

1.2.2 马达的选择

乐高科技类作品中用得最多的 PF 马达主要有三种，分别为中马达、大马达和特大马达，如图 1-27 所示。

图 1-27 乐高 PF 马达

表 1-1 所示为三种马达的尺寸和质量对照表。这三种马达中，中马达的体积最小，质量最轻，最为小巧。因此，在动力够用的情况下，应该优先选用中马达。

表 1-1 三种马达尺寸和质量对照表

	长（单位）	宽（单位）	高（单位）	质量（g）
中马达	6	3	3	31
大马达	7	4	3	42
特大马达	6	5	5	69

从另一个角度来说，中马达在三种马达中也是价格最便宜的。从成本考虑，也应该

优先选择中马达。本书的 23 个案例中，只有一个案例使用了特大马达（两个马达中的一个，另一个也是中马达），两个案例使用了大马达，其余 20 个案例全部选用中马达。

图 1-28 所示为一款可变换重心的两足机器人。初始设计方案采用大马达作为动力单元，5 号电池箱作为能量单元。采用这个配置的优点是马达和电池箱安装比较方便，直接利用二者侧面的销孔就可以和两侧的 11 孔梁结合。

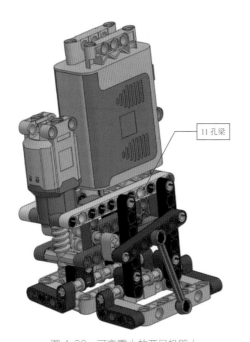

图 1-28　可变重心的两足机器人

如果想优化这个模型，可以从换马达和换电池箱两个方面入手。经过一番改造，最终在主体基本不动的情况下将大马达换成了中马达，电池箱换成了 7 号电池箱。模型的高度从原来的 18 单位降低到了 13 单位，质量也减轻了上百克，如图 1-29 所示。

图 1-29　改造后的方案

为了安装中马达，在 11 孔梁的一端连续安装了三个 2 号角块。在 11 孔梁的内侧安装了两个 1×4 科技砖，用于安装 7 号电池箱，改造方案如图 1-30 所示。

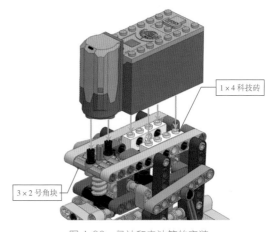

图 1-30　马达和电池箱的安装

1.2.3　薄壁类零件的使用

乐高中的梁从厚度进行分类，有标准梁和薄壁梁两种。薄壁梁的厚度为标准梁的一半。图 1-31 所示为标准厚度的 5 孔梁和薄壁 5 孔梁。

图 1-31　标准 5 孔梁和薄壁 5 孔梁

如果能合理地利用薄壁梁做传动或支撑零件，在有的情况下可以大幅度减小机器的体积。图 1-32 所示为一款四足 Jansen 连杆机器人，四足的所有连杆都采用各种规格的薄壁梁搭建而成。

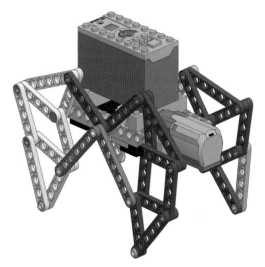

图 1-32　采用薄壁梁搭建的四足

图 1-32 中的四足机器人最大宽度为 12 个单位。如果这里的连杆全部采用同规格的标准梁搭建，成品的宽度将增加 6 个单位，甚至达到 18 个单位，机器将会臃肿很多。

图 1-33 所示为一款乐高山地自行车。这个模型的后上叉和后下叉部分使用了几根薄壁梁作为支撑，这种零件选择有效地减小了后轮部分的横向宽度，使整车更加美观轻巧。

图 1-33　山地自行车中的薄壁梁

图 1-34 所示为一款小巧的六足机器人。连杆和腿部结构使用了多种薄壁零件，整个机器人上一共使用了 36 个薄壁零件。

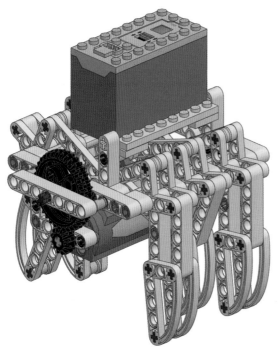

图 1-34　迷你六足机器人

1.3　结构设计的美观原则

美观是对作品审美层面的设计诉求，一款优秀的作品必定是功能、结构、美观各个环节都高度统一、缺一不可的。要想提升作品的美观度，可以多参考和借鉴一些国际乐高大师的作品，从中获取灵感和启发。

1.3.1　Jason

加拿大乐高大师 Jason 的乐高活动雕塑作品素来以华丽、复杂、精美著称，他的很多作品是机械结构和艺术的完美结合。图 1-35 ～图 1-37 所示是 Jason 先生的一些作品。

图 1-35　奔马

图 1-36　滑雪者

图 1-37　鲨鱼

想欣赏更多 Jason 的作品，请访问他的个人网站：jkbrickworks.com。

1.3.2　Madoca

日本乐高大师 Madoca 以擅长搭建各种车辆而闻名。他设计的车辆模型品种多样、比例精准、细节丰富，让人爱不释手。图 1-38 ~ 图 1-40 所示是 Madoca 设计的一些车辆模型。

图 1-40　超级卡车

1.3.3　Teun de Wijs

荷兰乐高大师 Teun de Wijs 的活动雕塑作品也是不可多得的乐高艺术品。他的作品题材广泛、结构精巧，视觉效果极具冲击力。图 1-41 和图 1-42 所示是他的一些活动雕塑作品。

图 1-38　牧马人越野车

图 1-39　超跑

图 1-41　魔术师

图 1-42　印度耍蛇人

图 1-44　乐高剑龙

1.3.4　Daniel Schlum

Daniel Schlum 的作品独具特色，他创建了很多乐高动态恐龙模型，每个作品都十分传神、栩栩如生。图 1-43 和图 1-44 所示为 Daniel Schlum 创作的恐龙模型。

乐高的 MOC 设计涉及机械、数学、程序、物理、几何、艺术和手工操作等多方面的知识，是一种高度综合的设计艺术。要想成为一名优秀的乐高 MOC 创作者，需要长期进行实践和学习，笔者的体会是要做到"三多"，也就是多做、多看、多思考。经过不断地学习和实践，大家一定能成为优秀的 MOCer。

图 1-43　乐高梁龙

炫酷车辆

本章要点:

- 伸缩车
- 四驱四轮转向车
- 万向车
- 方形履带车
- 双差速器履带车

2.1 伸缩车

2.1.1 概述

乐高伸缩车的外形大体上是一个大写的 L 形, 如图 2-1 所示。

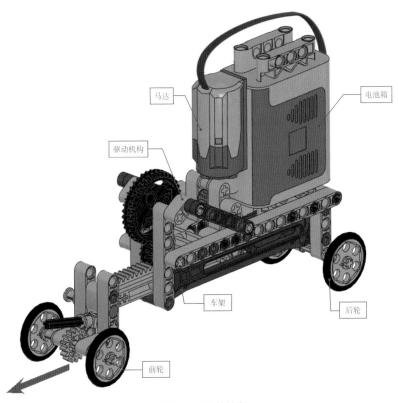

图 2-1 乐高伸缩车

伸缩车的结构模块包括车架、车轮、驱动结构、动力单元等几个部分。

这款伸缩车在结构分类上，属于尺蠖类机构。采用轮式行走机构，通过前轮的往复运动和棘轮机构的单向锁止，实现蠕动式的前进运动。

车架以齿条组合（18940+18942）为中心，采用直梁和角梁等零件搭建成一个稳固的框架。

伸缩车的行走机构为 4 个薄轮胎（轮毂4185+ 胎皮 2815）。

动力单元为 PF 中马达，能量单元为 5号电池箱（58119）。

作品概况：

零件数量：87

长度：24 单位

宽度：7 单位

高度：17 单位

动力单元：PF 中马达

能量单元：5 号电池箱

驱动方式：电动

2.1.2 动态效果

打开电池箱上的电源开关（务必将开关向电源接口方向拨动），伸缩车开始运行。伸缩车的齿条在驱动机构的驱动下往复伸缩。

当齿条收缩的时候，前轮锁止，后轮和车架将向前轮靠近，车子整体向前移动。

当齿条伸出的时候，由于后轮的摩擦力较大，保持不转。前轮向前移动，车子整体保持不动。

上述两种状态交替出现，车子就会以脉动的形式不断向前运动，如图 2-2 所示。

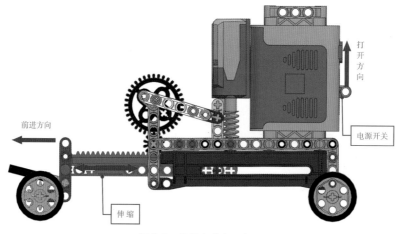

图 2-2　伸缩车动态示意图

手机扫码观看伸缩车视频演示。

2.1.3 结构解析

伸缩车的核心结构是驱动机构。这个机构的传动可分解为以下流程，动力传递过程的原理如图 2-3 所示。

（1）马达输出的动力传递给蜗杆，蜗杆驱动作为涡轮的 8T 齿轮，该齿轮带动两端的曲柄（深蓝色）；

（2）深蓝色曲柄做顺时针连续转动；

（3）深蓝色曲柄将动力传递给与之相连的作为连杆的 6 孔薄壁梁；

（4）6 孔薄壁梁带动与 36T 齿轮同轴的两个曲柄（橙色），橙色曲柄在 90° 范围内往复摆动；

（5）橙色曲柄带动与之同轴的 36T 齿轮做同步的往复转动；

（6）36T 齿轮将动力传递给与之啮合的 12T 齿轮，该齿轮做往复转动；

（7）12T 齿轮将动力传递给齿条，齿条将齿轮的转动转换为直线上的往复伸缩。

通过上述流程的运行，将马达输出的转动，最终转换成了齿条的往复伸缩运动。

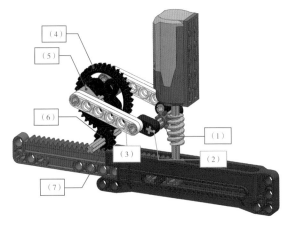

图 2-3 传动原理图

图 2-3 中橙色曲柄的两个极限摆动位置，大致在 11 点钟方向和 2 点钟方向之间，摆动范围约 100°。曲柄带动 36T 齿轮，与之啮合的 12T 齿轮的摆动范围约为 300°。换算成齿条的往复摆动，约为 10 个齿，如图 2-4 所示。

图 2-4 齿条的摆动幅度

伸缩车两个极限位置的状态对比，如图 2-5 所示。

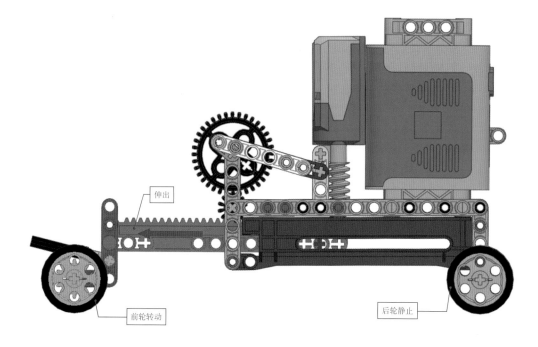

前轮转动

伸出

后轮静止

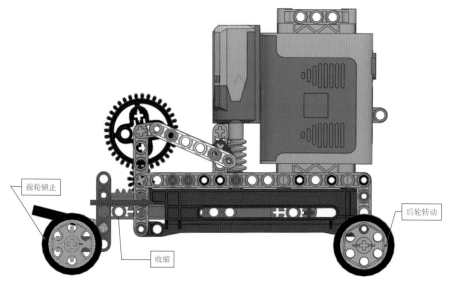

前轮锁止

后轮转动

收缩

图 2-5　两个极限位置的状态对比

2.1.4 搭建指南

1. 零件指南

这个作品的核心零件是用于伸缩运动的齿条和与之相配套的外壳，两个零件的编号分别为 18940 和 18942，如图 2-6 所示。

图 2-6 齿条组合

上述两个零件配套使用时，通常需要在 18942 一端的轴孔中安装一个 2M 轴，以保证其在外壳中滑动顺畅，如图 2-7 所示。

图 2-7 齿条的安装

前轮组件通过 3M 摩擦销和 4M 钉头轴与齿条相连接。其中带有一个棘轮机构，由 16T 齿轮与 4M 轴和交叉轴连接器（32039）等零件组成。其目的是单向锁止前轮的转动，使其只能向前转动，不能反转，如图 2-8 所示。

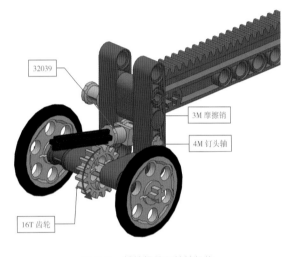

图 2-8 前轮组件和棘轮机构

2. 安装要点提示

由于伸缩车的结构和运行方式较为特殊，所以在安装驱动系统的时候，务必注意零件之间的相对位置和角度关系，可参考以下相对位置进行安装。

- 红色曲柄转动至 6 点钟方向；
- 橘色曲柄位于 2 点钟方向；
- 齿条（18942）在外壳（18940）内部一半左右的位置。

具体的位置和角度关系，如图 2-9 所示。

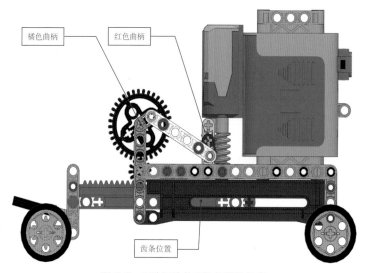

图 2-9　驱动机构的安装位置和角度

特别提醒：由于伸缩车的结构决定了它的红色曲柄必须顺时针旋转，所以其马达必须逆时针转动才能正常运动。在运行时，务必将电源开关向电源接口方向拨动，如图 2-10 所示，否则将会出现机构卡死、打齿等严重后果。

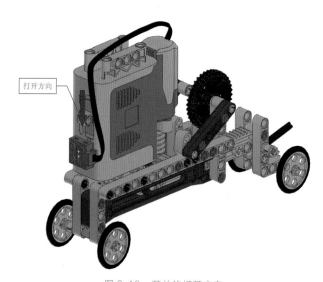

图 2-10　开关的打开方向

3. 零件表

乐高伸缩车使用了零件 35 种 87 个，零件表如图 2-11 所示。

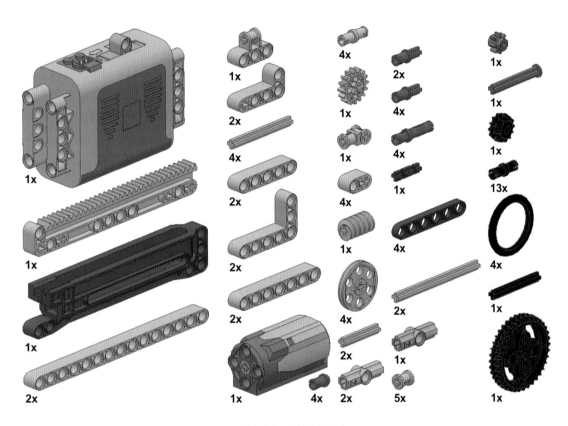

图 2-11　伸缩车零件表

4. 组装和成品图

组装和成品图见图 2-12。

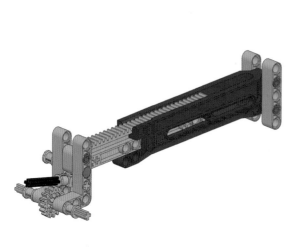

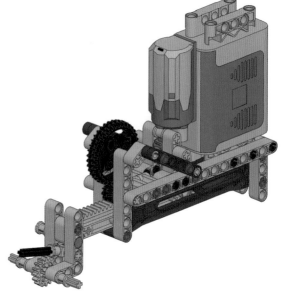

齿条和棘轮机构　　　　　　　　　马达和传动组件安装完成

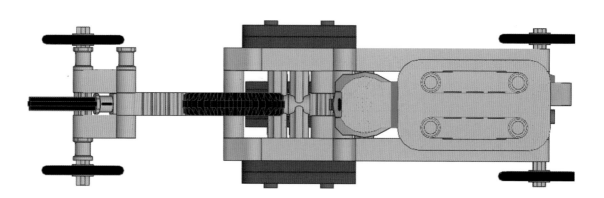

成品俯视图

图 2-12　伸缩车组装和成品图

5. 搭建步骤图

搭建乐高伸缩车共 26 步，如图 2-13 所示。

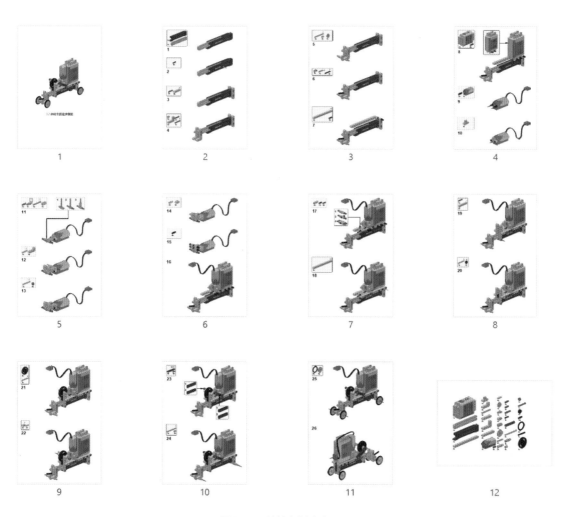

图 2-13 伸缩车搭建步骤图

扫码观看伸缩车搭建视频指导。

2.2 四驱四轮转向车

2.2.1 概述

这是一款非常独特的轮式机械类作品，其外形是一个圆柱体，带有四组呈菱形分布的车轮。每组车轮都有动力，同时还可以360°任意转向。这个作品可以在遥控器的控制下，朝任何方向转向和行驶，操控起来非常灵活、有趣。

四驱车的构成组件可分为十字框架、传动齿圈、车轮组和电控等几个部分，成品外形如图2-14所示。

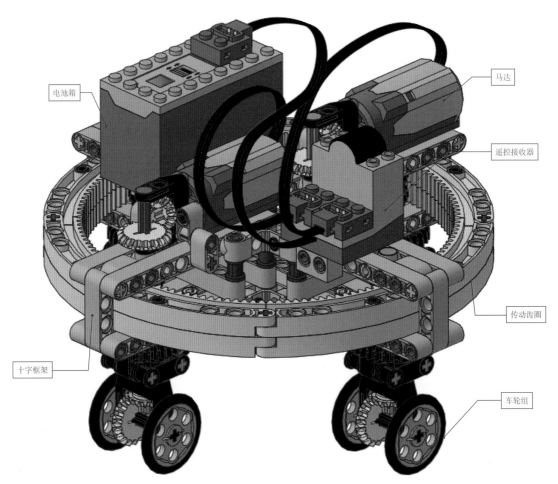

电池箱
马达
遥控接收器
传动齿圈
十字框架
车轮组

图 2-14 四驱四轮转向车

四驱车的主体，是两个叠放在一起的大齿圈构成的传动齿圈和一个十字形的框架。这里的大齿圈并不是装饰件，也不是结构件，而是用来将动力传递给四组轮子的，这个设计非常独特。

电控部分包括两个马达，一个7号电池箱和一个遥控接收器（58123）。两个马达一个用来驱动轮组的转动；另一个则用来控制轮组的转向。

作品概况：

零件数量：265

长度：22 单位

宽度：22 单位

高度：15 单位

动力单元：PF 中马达 ×2

能量单元：7 号电池箱

驱动方式：遥控

2.2.2 动态效果

四驱车通过遥控器（编号 58122）控制运行，拨动遥控器上的两个拨杆，可以分别控制车子的前进、后退和四组轮子的转向。

向前或向后拨动红色拨杆，可以控制大齿圈的转动，将动力传递给四组车轮，驱动车子向前或向后运动。

拨动蓝色拨杆，可以控制四组车轮同时转向，改变车子的运动方向，如图 2-15 所示。

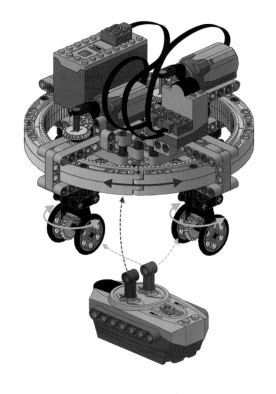

图 2-15 遥控示意图

手机扫码观看四驱四轮转向车视频演示。

2.2.3 结构解析

这款四驱车拥有两套非常独特的传动系统。一套用于控制车轮的转动，另一套用于控制车轮的转向。

1. 车轮传动系统

车轮传动系统由中马达、变速箱、大齿圈和18个齿轮等零件构成。这里的大齿圈应用非常特别，是作为传动元件来使用的。

这套系统的传动可分解为以下流程，车轮传动系统示意图，如图2-16所示。

（1）马达输出的转动，经过一级变速箱传递给大齿圈，并直接驱动与之相连的一组车轮；

（2）大齿圈转动，同时将动力传递给另外三组与之啮合的12T齿轮；

（3）12T齿轮通过轴传动，将动力传输给与之相连的三个二级变速箱；

（4）三个二级变速箱将传动轴的转动转换角度，变为水平方向的转动，经过减速之后驱动车轮转动。

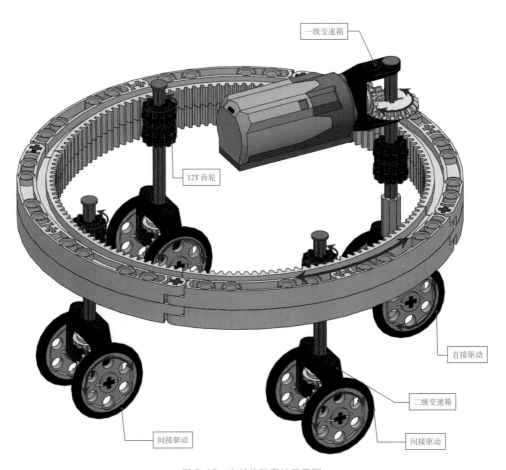

一级变速箱

12T齿轮

直接驱动

二级变速箱

间接驱动

间接驱动

图2-16　车轮传动系统示意图

单独一套车轮的传动系统如图 2-17 所示，其中两个变速箱中的 12T 锥齿轮为主动齿轮，两个 20T 锥齿轮为从动齿轮。

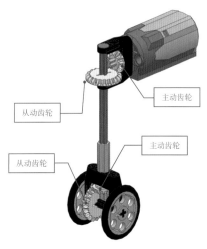

图 2-17 一套车轮的传动系统

这套传动系统的变速比，根据机械原理，其算式如下：

$$12 × 12(主动齿轮齿数乘积)／20 × 20(从动齿轮齿数乘积) = 0.36$$

根据运算结果，这套传动系统将马达的初始转速降低到 36%，同时也将马达的扭矩增大了 2.78 倍（1÷0.36）。

2. 车轮转向系统

车轮转向系统由中马达、变速箱、11 个齿轮和 4 个小转盘等零件构成。

中马达输出的转动，通过一个变速箱传输到一组呈十字形排列的齿轮系统。最后将马达输出的动力同时传输给四组车轮上方的

小转盘，实现同步转向，如图 2-18 所示。

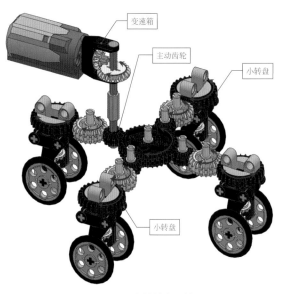

图 2-18 车轮转向系统

由于这套系统中使用的车轮转向元件是小转盘，所以每套车轮的转向角度没有限制，可以 360°任意转动，因此整车的操控具有极大的灵活性。

2.2.4 搭建指南

1. 零件指南——乐高中的转盘

这个作品的转向系统用到了一个重要的零件——小转盘（编号 601948）。这个零件由两部分组合而成，黑色的部分为顶盖，带有 28 个齿的外齿圈；浅灰色部分为底盖，如图 2-19 所示。

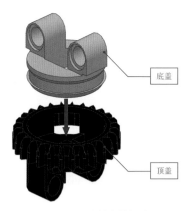

图 2-19　小转盘的组成

由于转盘的两个壳体直径较大，所以转动起来比使用轴或销设计的结构更加稳定和坚固。顶盖边缘还有齿圈，可以用齿轮驱动其转动，使用很方便，应用相当广泛。

乐高零件中还有两款直径更大的转盘 50163 和 18938，功能与小转盘相同，如图 2-20 所示。由于这两款转盘直径更大，所以一般用在负载较大的场合。

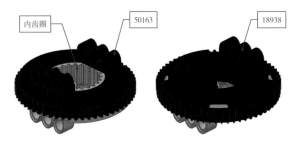

图 2-20　两款乐高大转盘

上述两款大转盘中，50163 的顶盖直径为 7 个乐高单位，边缘的齿圈有 56 个轮齿，

底盖中心还带有一个 24 齿的内齿圈。18938 的顶盖带有 60 个轮齿，内部则没有齿圈。

这两款大转盘的外齿圈的轮齿形状是有所区别的。50163 的外齿圈是直齿，而 18938 的外齿圈朝向底盖一侧的轮齿是倒角的，意味着在这一侧可以使用双面齿轮或锥齿轮进行传动，如图 2-21 所示。

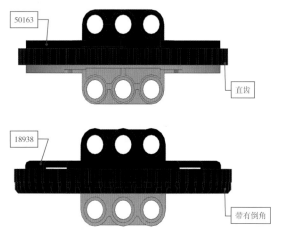

图 2-21　大转盘外齿圈齿形对比

根据齿轮啮合的"16T 原则"（两个正确啮合的齿轮的齿数之和是 16 的整数倍），50163 的外齿圈可以和 8T 或 24T 齿轮形成驱动组合。

18938 可以和 20T 或 36T 双面齿轮形成共面组合，也可以利用倒角齿形与 12T 双面或锥形齿轮形成直角驱动组合，如图 2-22 所示。

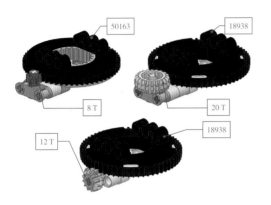

图 2-22　常用大齿圈驱动形式

对比上图，18938+20T 齿轮组合的传动比为 3 倍，18938+12T 齿轮组合的传动比为 5 倍。而 50163+8T 齿轮的组合体积更小巧，传动比却达到 7 倍，可以承受更大的负载。因此，一般情况下 50163 比 18938 更加实用。

2. 安装要点提示

小转盘的安装方向，务必要把灰色的底盖部分朝上，与车架相连接；黑色顶盖与变速箱连接，切勿装反。正误对比如图 2-23 所示。

图 2-23　小转盘的安装方位

3. 零件表

四驱四轮转向车由 36 种 265 个零件组成，零件表如图 2-24 所示。

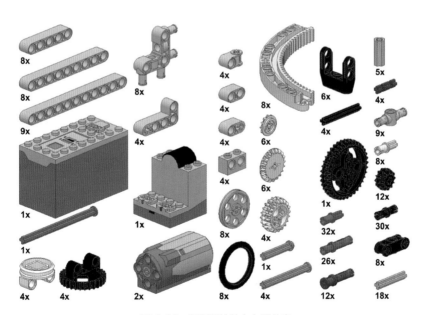

图 2-24　四驱四轮转向车零件表

4. 组装及成品图

组装和成品图见图 2-25。

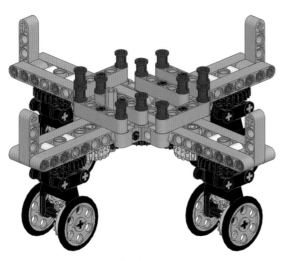

底盘完成图

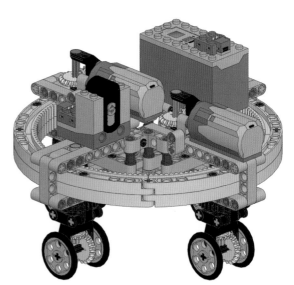

马达安装完成

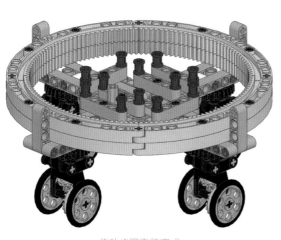

传动齿圈安装完成

成品图

图 2-25　四轮四驱车装配及成品图

5. 搭建步骤图

搭建四驱四轮转向车共25步，如图2-26所示。

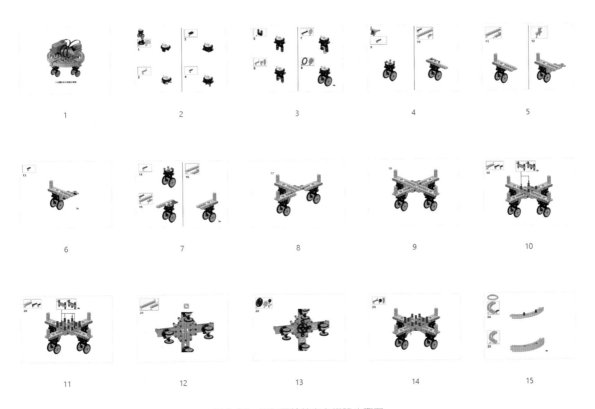

图 2-26 四驱四轮转向车搭建步骤图

手机扫码观看四驱四轮转向车搭建视频指导。

2.3 万向车

2.3.1 概述

乐高万向车的外形呈一个十字形，车架的四个顶端安装了四组全向轮。通过遥控方式进行操控，可以实现原地转动、横向纵向移动和斜向移动。由于其可移动的方向是无限的，故有此名。

万向车造型优美、结构紧凑。从结构模块上分，包括方框车架、全向轮轮组、车轮支架和电控等几个部分，成品如图2-27所示。

方框车架是整车的基础结构，所有的零部件都基于这个框架展开。

车轮支架采用大弯梁构建，为车轮组提供垂直方向的支撑，同时也是车轮组的保护罩。

动力单元采用了四个中马达，分别控制一个车轮组，以达到最大的灵活性。

能量单元采用7号电池箱，遥控接收器共使用两个58123。

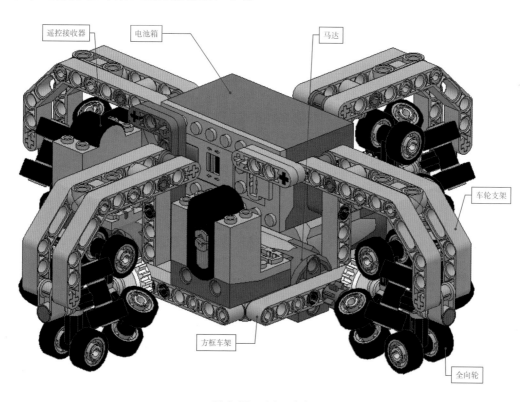

图 2-27　乐高万向车

作品概况：

零件数量：272

长度：27 单位

宽度：27 单位

高度：9 单位

动力单元：PF 中马达 ×4

能量单元：7 号电池箱

操控方式：遥控

2.3.2 　动态效果

操控万向车需要两个并联的 58122 遥控器，四个拨杆分别控制万向车上的四个马达，如图 2-28 所示。

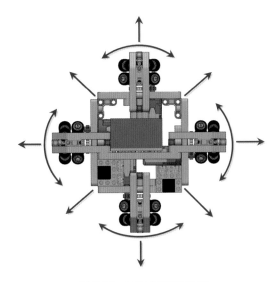

图 2-29　万向车的运动方向

手机扫码观看乐高万向车视频演示。

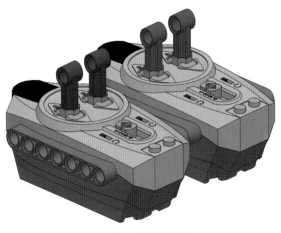

图 2-28　并联遥控器

不同的拨杆组合可以实现不同的运动效果——四个方向的直行、斜向移动、原地转动等，可以控制的方向如图 2-29 所示。

2.3.3 　结构解析

万向车的核心部件无疑是它的四个被称为"全向轮"的特殊车轮。这种轮子由于其特殊的结构，既可以绕着轮轴转动，也可以沿轴向滑动。

全向轮由 12 个 42610 轮毂 +50951 胎皮、6 个 1 号角块和 6 个 3M 光滑销等零件组成。这个特殊的车轮从正面看，是一个不等边的 12 边形，如图 2-30 所示。

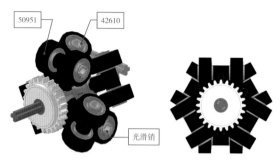

图 2-30　全向轮

组装方式为将 12 个小轮子分为两层安装在三叉轴（编号 57585）上，互相错开地安装在一根转轴上，如图 2-32 所示。

当全向轮绕转轴转动时，12 边形的轮子在地面上滚动。当全向轮沿转轴向移动时，接触地面的小轮子会绕着 3M 光滑销转动，形成轴向的运动，如图 2-31 所示。

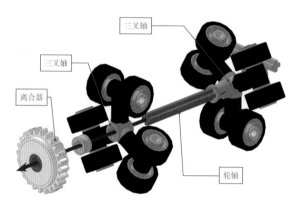

图 2-32　全向轮的组装

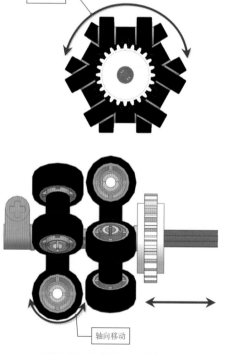

图 2-31　绕轴转动和轴向移动

2.3.4　搭建指南

1. 零件指南——乐高离合器

乐高离合器（编号 76019）是一种特殊的齿轮，其外形是一个 24 齿齿轮，主体是白色的，中间的轴孔部分是深灰色的，如图 2-33 所示。

图 2-33　乐高离合器

离合器并非一个整体，中心轴孔连接着一套摩擦机构，在扭矩达到一定程度的时候会打滑，用于保护马达或机械机构不受损伤。

　　在本案例中，离合器被安装在全向轮的轮轴上，与一个 8T 齿轮相啮合，8T 齿轮与马达连接。马达的动力通过离合器传输给轮轴并带动车轮转动，当车轮受阻、扭矩过大的时候，离合器就会打滑空转，保护马达，如图 2-34 所示。

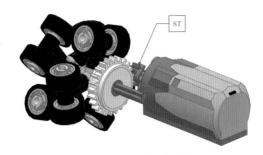

图 2-34　离合器的传动

2. 零件表

　　乐高万向车共使用零件 27 种 272 个，零件表如图 2-35 所示。

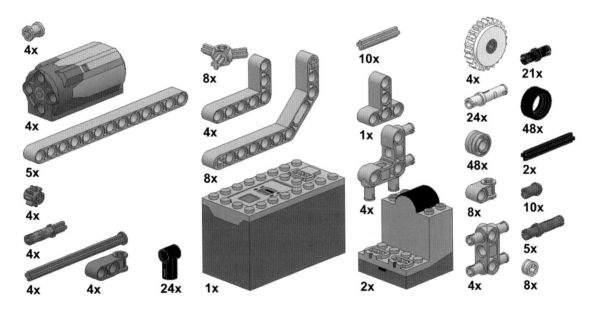

图 2-35　乐高万向车零件表

3. 组装及成品图

组装和成品图见图 2-36。

中心框架

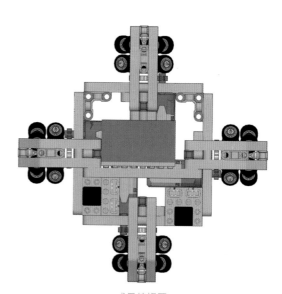

马达安装完成

车轮组安装完成

成品俯视图

图 2-36　万向车组装和成品图

4. 搭建步骤图

搭建乐高万向车共 30 步，如图 2-37 所示。

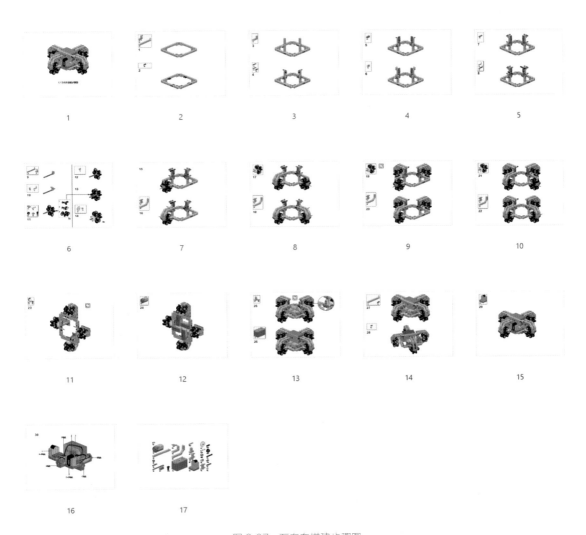

图 2-37　万向车搭建步骤图

手机扫码观看乐高万向车搭建视频指导。

2.4 方形履带车

2.4.1 概述

　　乐高方形履带车的外形是一个正方体，两组呈正方形排列履带位于最外侧，其余所有部分都被两组履带包裹。这个颇具创意的作品除了具备履带类车辆的灵活性和强大的通过性，由于其独特的外形，还拥有极强的抗翻滚能力，车子无论如何翻滚都不会翻车。这比一般履带类车辆玩起来更加有趣！

　　方形履带车的结构模块包括履带、车架方框和电控等几个部分，成品车的外形如图 2-38 所示。

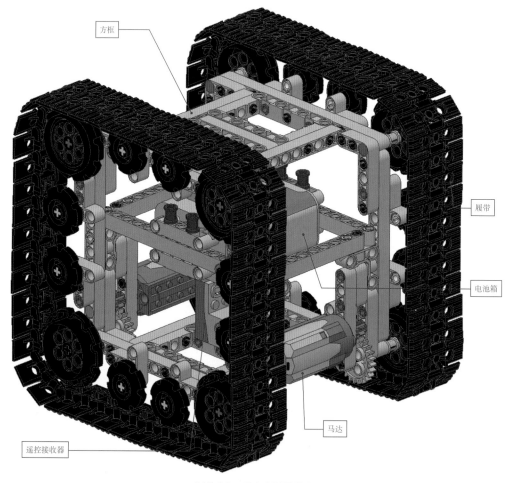

图 2-38　乐高方形履带车

车架方框是整车的基础框架，由大量直梁、角梁和框梁组成，是一个坚固的框架结构，为整车的零部件提供稳固的支撑。

方形履带车共使用两组98节5M履带（编号88323），两组履带各有一个中马达单独驱动。

能量单元模块采用5号电池箱，一个遥控58123接收器。

作品概况：

零件数量：316

长度：20单位

宽度：20单位

高度：20单位

动力单元：PF中马达×2

能量单元：5号电池箱

操控方式：遥控

2.4.2 动态效果

方形履带车通过一个58122遥控器进行操控，两个拨杆分别控制一个马达，驱动一侧的履带。方形履带车可以实现前进、后退、原地转向、单侧履带转向等动作，如图2-39所示。

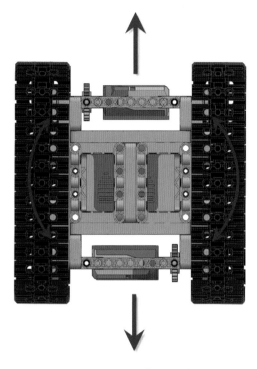

图2-39 方形履带车行驶方向

手机扫码观看乐高方形履带车视频演示。

2.4.3 结构解析

方形履带车零件数量较多，但是结构并不复杂。

中心框架是整车的结构核心，负责承载所有零部件。这个框架由 192 个零件组成，大量使用了各种规格的直梁、3×5 角梁、5×7 方框梁和 5 美金（编号 55615）等零件。

目的就是构造一个坚固的框架，为整车提供一个稳定的支撑。

电池箱和马达等部件直接安装在这个框架上，如图 2-40 所示。

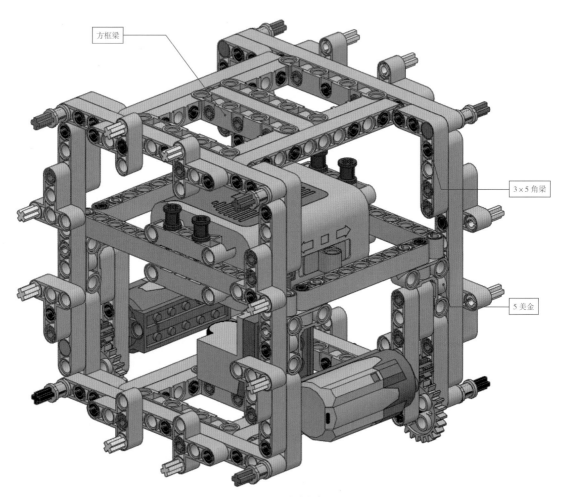

方框梁

3×5 角梁

5 美金

图 2-40　中心框架

履带驱动机构采用中马达作为动力元件，通过一套 8T+24T 齿轮减速系统后带动履带轮。这套减速系统将马达的转速降低到 1 / 3，同时扭矩增加三倍，如图 2-41 所示。

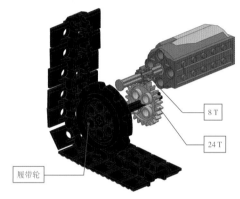

图 2-41 履带驱动机构

2.4.4 搭建指南

1. 零件指南——乐高履带节和履带轮

乐高中的履带节主要有两款，一款是宽度为 5 单位的大履带节，编号为 57518；另一款是宽度为 2.6 单位（20.8mm）的小履带节，编号为 3873。

57518 通常为黑色或深灰色，3873 通常为黑色，如图 2-42 所示。

图 2-42 两种乐高履带节

与大履带配套的履带轮目前常见的有三款，从大到小的编号分别是 42529、57519 和 57520，如图 2-43 所示。

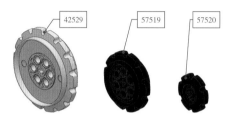

图 2-43 履带轮

42529 履带轮出现得最晚，最早出现在 2018 年发布的乐高官方科技套装 42095 中。42529 被称为特大履带轮，它的直径达到了 7.1 个乐高单位，只有黄色的版本，图 2-44 所示为乐高 42095 套装。

图 2-44 乐高 42095 套装中的特大履带轮

57519 和 57520 分别被称为大履带轮和小履带轮。这两个零件是履带轮中的老将了，和履带节是同时出现的。

57519 的直径为 5.1 个乐高单位，通常是黑色的，也有橙色、黄色和白色的版本。57520 的直径是 3.2 个乐高单位，主要是黑色的。

小履带节 3873 的驱动轮主要采用 3 款直齿轮，分别为 16T、24T 和 40T。由于8T 齿轮的直径太小，无法驱动这种履带节，如图 2-45 所示。

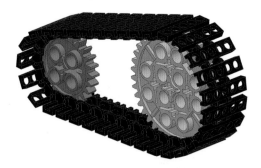

图 2-45　小履带节的驱动齿轮

2. 零件表

乐高方形履带车共使用零件 26 种 316个，零件表如图 2-46 所示。

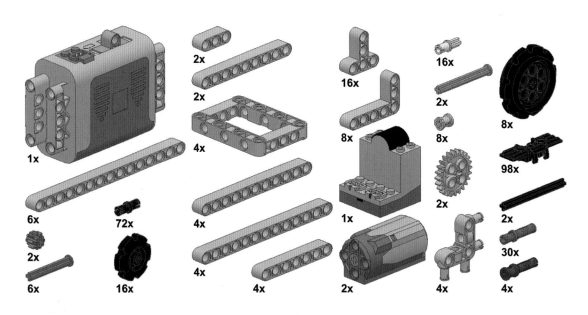

图 2-46　方形履带车零件表

3. 组装及成品图

组装及成品图如图 2-47 所示。

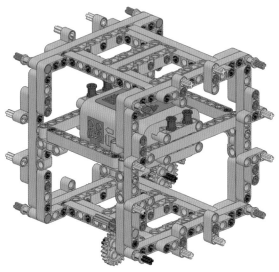

中心框架

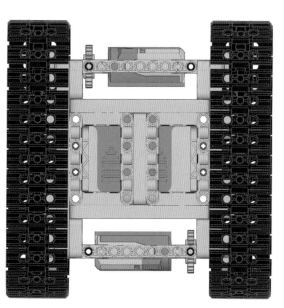

履带轮安装完成

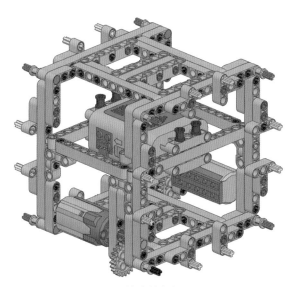

马达安装完成

成品俯视图

图 2-47 方形履带车装配及成品图

4. 搭建步骤图

搭建方形履带车共有 27 步，如图 2-48 所示。

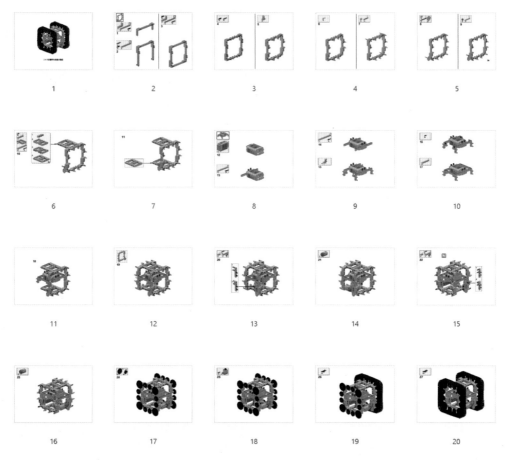

图 2-48　方形履带车搭建步骤图

手机扫码观看乐高方形履带车搭建视频指导。

2.5　双差速器履带车

2.5.1　概述

普通的履带类车辆，其动力传输通常是一个马达驱动一侧的履带。这种构架的好处是结构比较简单，设计和搭建比较方便。图 2-49 所示的是五十川芳仁先生设计的一款双马达履带车，就属于这种构架。

但是，这种构架的履带车有一个很难克服的问题，那就是两个马达的转速不可能完全一致，两侧马达长时间转动会逐渐形成累积误差，造成车子很难走出完美的直线，容易跑偏。

如图 2-50 所示的这款双差速器履带车采用了完全不同的构架，很好地解决了上述问题。虽然这款车也使用了两个马达，但是

马达的分工与一般的履带车不同。一个马达用来同时驱动两条履带，另一个马达则用来转向。由于两条履带是由同一个马达驱动，就彻底避免了转速不同跑偏的问题。

图 2-49　双马达履带车

乐高双差速器履带车的构成模块包括车架、履带、电控等几个部分。

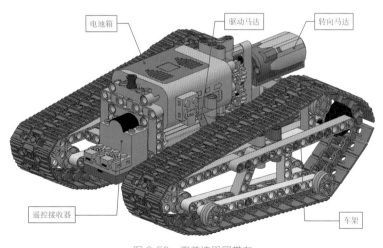

图 2-50　双差速器履带车

双差速器履带车的履带设计成不规则的五边形,这样设计可以获得较大的接近角——将近 45°,提高了履带车的通过性,可以攀爬上更高的障碍物,如图 2-51 所示。

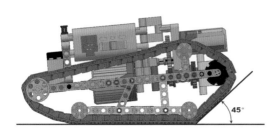

图 2-51　履带车的接近角

动力单元采用了两个 PF 马达,用于驱动履带的是扭矩最大的 PF 特大马达(编号58121),用于转向的是中马达。

能量单元采用 5 号电池箱,一个遥控58123 接收器。

作品概况:

零件数量:277

长度:28 单位

宽度:19 单位

高度:13 单位

动力单元:PF 中马达 ×1, PF 特大马达 ×1

能量单元:5 号电池箱

操控方式:遥控

2.5.2　动态效果

双差速器履带车采用遥控方式进行操控,

遥控器采用 58122。通过遥控可实现前进、后退、原地转圈等运动形式,如图 2-52 所示。

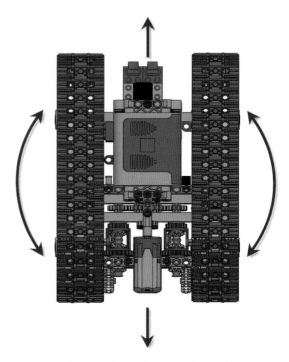

图 2-52　双差速器履带车的行驶方向

手机扫码观看双差速器履带车视频演示。

2.5.3　结构解析

这个作品最核心的机构无疑是双差速器传动和转向系统。

1. 履带驱动系统

履带驱动系统由特大马达、4 个 16T 齿轮、8 个 12T 锥形齿轮、两个老款差速器和两个 20T 双面齿轮，以及各种规格的轴组成。最终将动力传输给两个小履带轮，带动履带运动，如图 2-53 所示。

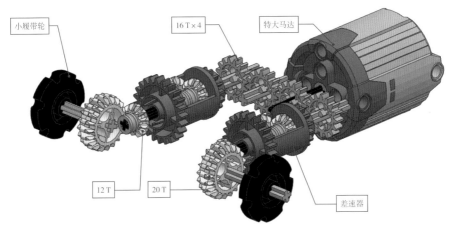

图 2-53　履带驱动系统

履带驱动系统传动原理如图 2-54 所示。从马达输出一个逆时针的转动，经过齿轮系统的逐级传递，最终的结果是将两侧的履带轮同步向前转动，带动整车向前运动。如果要反向运动，只需要将马达的输出轴改为顺时针转动即可。

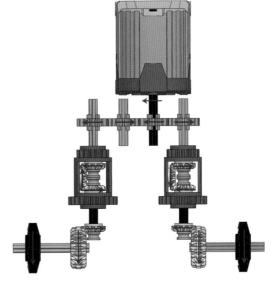

图 2-54　履带驱动系统传动原理图

2. 转向系统

转向系统由中马达驱动，带动 3 个 16T 齿轮，最终将动力传递给两个差速器中间的 3 个并排的 8T 齿轮，8T 齿轮与差速器壳体上的 24T 齿轮啮合，将动力传递给差速器。后面的零件与传动系统共用，如图 2-55 所示。

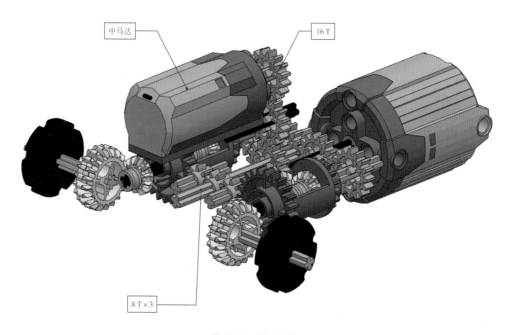

图 2-55　转向系统

这套系统最精彩之处在 8T 齿轮与差速器啮合之后的传动动作。为了便于说明，我们给其中的几个齿轮做一个命名，转向系统原理如图 2-56 所示。

动力传输流程如下。

（1）中马达输出的转动传递到图中的 1 号齿轮。

（2）通过 2 号齿轮传递到差速器外壳上的 3 号齿轮。

（3）差速器外壳转动，带动 4 号齿轮。5 号齿轮与特大马达通过齿轮相连，假定其处于静止状态。那么 4 号齿轮只能绕着 5 号齿轮转动，同时将动力传递给 6 号齿轮。

（4）6 号齿轮将动力传递给与其同轴的 7 号齿轮。

（5）7 号齿轮将动力传递给 8 号齿轮，最终带动与 8 号齿轮同轴的履带轮转动。

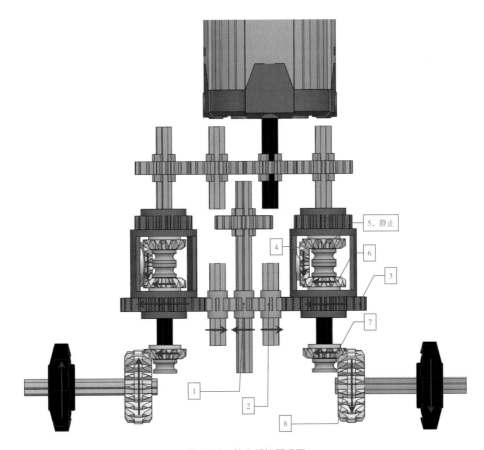

图 2-56　转向系统原理图

从图 2-56 可以看出，如果 1 号齿轮输入的是逆时针转动，右侧的履带轮将逆时针转动，左侧的履带轮将顺时针转动。两侧的履带转动方向相反，车子将会按顺时针方向原地转向。反之，如果 1 号齿轮顺时针转动，车子将会按逆时针方向原地转向。

两套系统中，应用最为巧妙的是两个差速器，起到了极为关键的作用。因此这个作品被命名为"双差速器"履带车。

2.5.4　搭建指南

1. 零件指南——乐高 PF 马达

乐高中的 PF（Power Function）马达共有三款，图 2-57 中自左至右分别为中马达（M）、大马达（L）和特大马达（XL），体积依次变大。

图 2-57　乐高 PF 马达

图 2-57　乐高 PF 马达

PF 马达的各项参数如表 2-1 所示。

表 2-1　PF 马达参数表

	扭矩	转速 （转/分钟）	重量 （克）	体积
中马达	11N·cm	405	31	3×3×6
大马达	18 N·cm	390	42	3×4×7
特大马达	40 N·cm	220	69	5×5×6

特大马达的扭矩达到了 40N·cm，中马达的扭矩仅为 11N·cm，两者相差将近四倍。这个作品中选用特大马达作为驱动履带的动力单元，主要考虑到其强大的输出扭矩，两条履带加上一套复杂的传动系统所产生的摩擦力还是相当大的，只有特大马达可堪此任。

2. 零件表

双差速器履带车共使用了零件 45 种 277 个，零件表如图 2-58 所示。

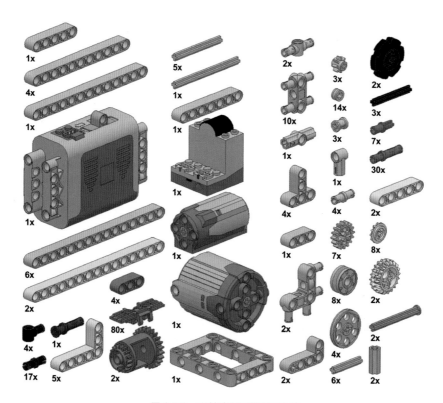

图 2-58　双差速器履带车零件表

3. 组装及成品图

组装及成品图见图 2-59。

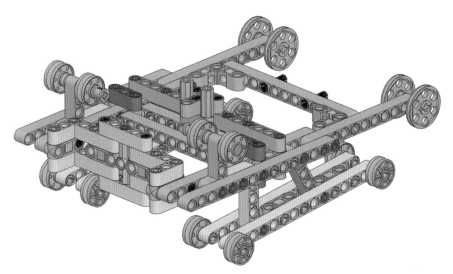

中心框架

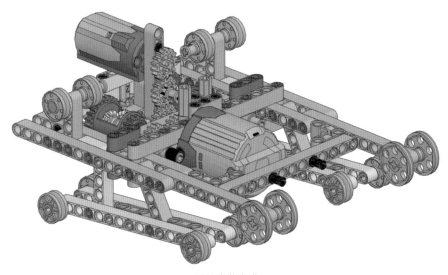

马达安装完成

图 2-59 双差速器履带车装配及成品图

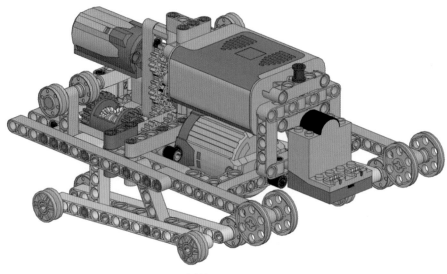

电控组件安装完成

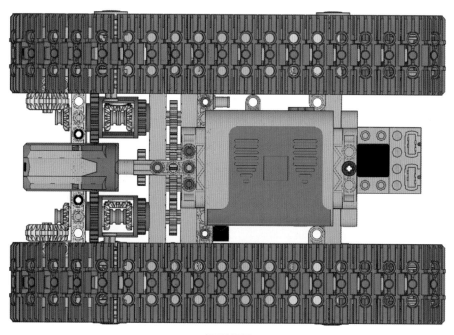

成品俯视图

图 2-59　双差速器履带车装配及成品图（续）

4. 搭建步骤图

搭建双差速器履带车共 55 步，如图 2-60 所示。

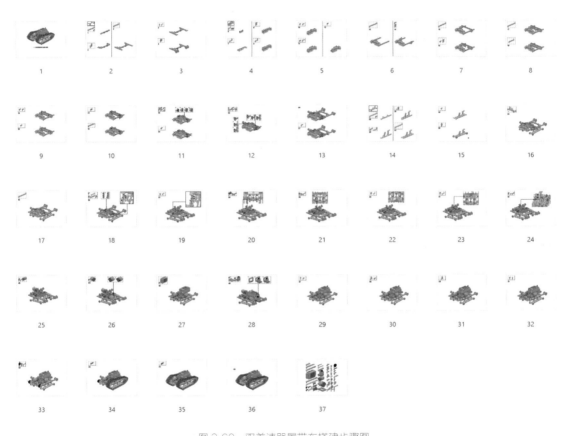

图 2-60　双差速器履带车搭建步骤图

手机扫码观看双差速器履带车搭建视频指导。

第3章

多足机器人

本章要点：

- 风力两足机器人
- 六足蜘蛛
- 另类四足机器人
- 遥控转向两足机器人
- 海滩怪兽

3.1 风力两足机器人

3.1.1 概述

风力两足机器人是本书中唯一没有使用马达驱动的案例。这款作品实际上是一个可变换重心的两足机器人和一套风动扇叶的组合。

动力来源是其正前方的四片扇叶，当风力吹向扇叶时，扇叶将逆时针转动，带动与扇叶相连的轴。这根轴驱动两足机器人的传动零件，最终驱动两足机器人逆风行走。

风力两足机器人从结构模块，可以分为扇叶和两足机器人两个部分，成品如图3-1所示。

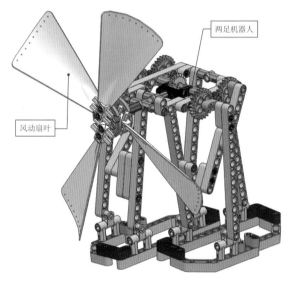

风动扇叶

两足机器人

图 3-1 风力两足机器人

作品概况：

零件数量：148

长度：21 单位

宽度：28 单位

高度：31 单位

驱动方式：风力

3.1.2 动态效果

取一个电风扇，正对风力两足机器人，打开风扇。风动扇叶将逆时针转动，两足机器人开始以左右摇摆、变换重心的形式逆风行走，如图 3-2 所示。

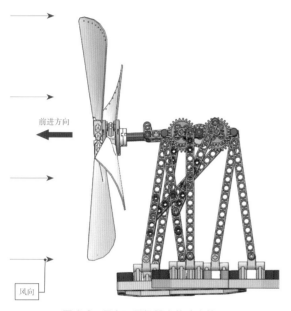

前进方向

风向

图 3-2 风力两足机器人的动态效果

风力两足机器人行走姿态是重心左右摇摆，两个脚掌交替落地，其中心的行进轨迹是一条波浪形曲线，如图 3-3 所示。

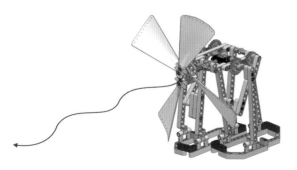

图 3-3 风力两足机器人的行走轨迹

手机扫码观看风力两足机器人视频演示。

3.1.3 结构解析

这个作品原本是一款电动的两足机器人，采用中马达作为动力单元，7 号电池箱作为能量单元。这个两足机器人由框架、传动系统、脚掌和若干连杆组成，如图 3-4 所示。

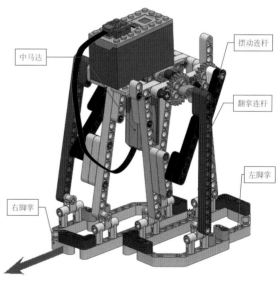

中马达

摆动连杆

翻掌连杆

左脚掌

右脚掌

图 3-4 电动版两足机器人

这款两足机器人设计了两个大脚掌，这个设计是为了使机器人的重心更加稳定，不轻易跌倒。

传动系统将动力传递到 8T 齿轮上，8T 齿轮再将动力传递给两侧的 24T 齿轮。8T 齿轮顺时针转动，两个 24T 齿轮同步逆时针转动。与两个 24T 齿轮同轴的两个曲柄也同步转动，两个曲柄的相位相差 90°，如图 3-5 所示。

两个脚掌在连杆的驱动下，在两种状态之间循环切换。以左脚掌为例，当白色曲柄转动到最左侧时，左脚掌向前进方向运动到极限位置，同时脚掌翻转到最低位置。此时右脚的状态与左脚是完全相反的，脚掌反转到最低位置，机器人向右倾斜，重心落在右脚上，左脚腾空，如图 3-6 所示。

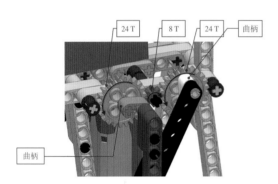

图 3-5　齿轮传动和曲柄

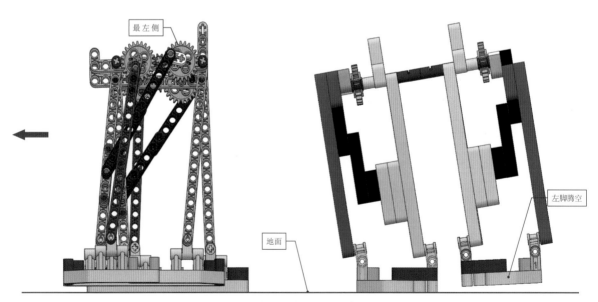

图 3-6　左脚腾空（右脚落地时）的状态

当左侧的橙色曲柄转动到最高点时，左脚掌翻转到最高位置。此时，机器人向左侧倾斜，重心落在左脚掌上，右脚腾空，如图 3-7 所示。

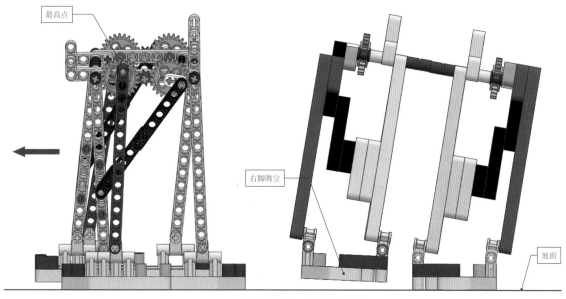

图 3-7　左脚落地（右脚腾空）的状态

两足机器人在上述两种状态之间不断循环，机器人即可不断向前行走。这是可变重心两足机器人常见的一种结构。

由于这个两足机器人构架比较轻盈，遂将其改造成了风力驱动模式。

改造的过程并不复杂，首先将原本朝下安装的变速箱改造成水平放置；再安装上四片风扇叶片（编号 89509），风力驱动两足的传动系统如图 3-8 所示，风扇的动力通过一个变速箱传递到两侧的 8T 齿轮。

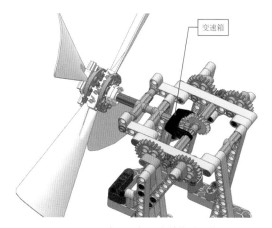

图 3-8　风力两足机器人的传动系统

3.1.4 搭建指南

风力两足机器人共使用零件 36 种 148 个，零件表如图 3-9 所示。

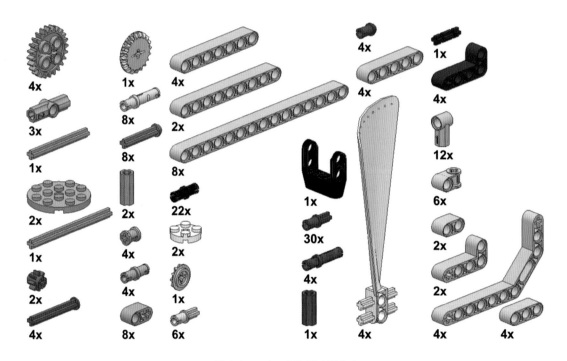

图 3-9　风力两足机器人零件表

1. 零件指南——乐高中的螺旋桨

这个作品中搭建了一个动力风扇，这个风扇实质上是一个能量转换元件，用于将风力转换成旋转的动力。

动力风扇使用的主要零件是螺旋桨叶片，编号 89509。这个螺旋桨叶片面积很大，其三维尺寸达到了 7×14×3 乐高单位。这个叶片也很轻盈，非常适合搭建风动类的作品，如图 3-10 所示。

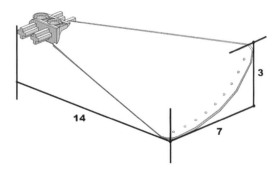

图 3-10　螺旋桨叶片三维尺寸

乐高中的螺旋桨除了上述 89509 之外，还有其他款式的螺旋桨，如图 3-11 所示。

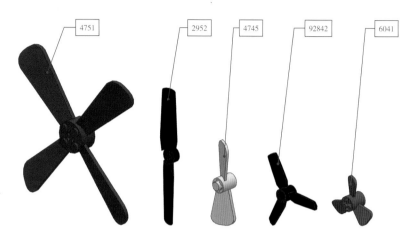

图 3-11 各种乐高螺旋桨

在各种款式的螺旋桨中，只有 89509 面积最大，适合本案例。

2. 搭建要点

本作品采用的是风力驱动，动力非常有限，而且还要做到逆风行走，因此搭建时务必注意旋转零件的阻尼问题。主要从以下两个方面入手。

- 所有传动轴和齿轮务必采用表面光滑、没有变形、无磨损，最好使用全新的零件。
- 转动零件的装配不要过紧，防止零件之间的摩擦力过大，影响传动效率。图 3-12 中红色箭头所指向的几根轴在运行的时候都是转动的，装配时不要压得太紧，零件之间务必保留一定的轴向间隙。

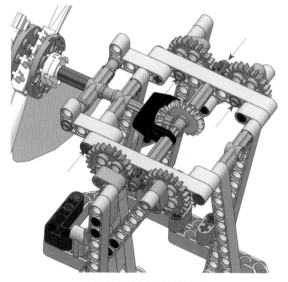

图 3-12 带有转动部件的轴

3. 组装及成品图

组装及成品图见图 3-13。

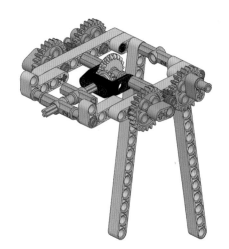

传动系统

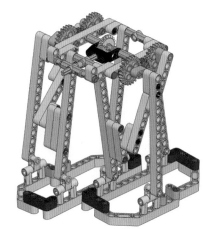

脚掌安装完成

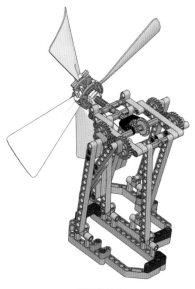

成品侧后方

腿部连杆安装完成

图 3-13 风力两足机器人组装及成品图

4. 搭建步骤图

搭建风力两足机器人共 48 步，如图 3-14 所示。

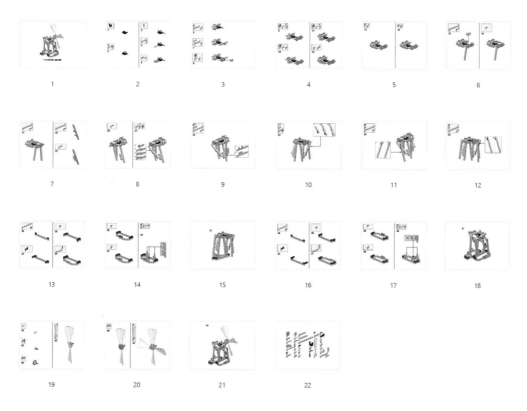

图 3-14　风力两足机器人搭建步骤图

手机扫码观看风力两足机器人搭建视频指导。

3.2　六足蜘蛛

3.2.1　概述

　　乐高六足蜘蛛是一款模仿昆虫行走步态的多足类机器人作品。六条腿采用划动方式运动，三角步态运行模式，真实模拟六足昆虫的运动特征。

六足蜘蛛的模块构成，可分为主框架、传动机构、摆动腿和电控等几个部分，六足蜘蛛成品如图 3-15 所示。

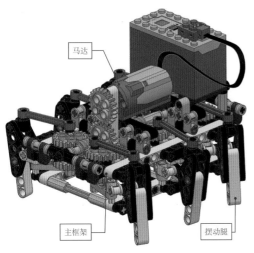

图 3-15　乐高六足蜘蛛

六足蜘蛛的主框架采用直梁和角梁等零件搭建而成，为所有零件提供一个稳定的支撑。传动部分采用了涡轮蜗杆与齿轮传动。摆动腿的驱动机构是本案例的精华，用到了两种驱动结构。

动力单元采用 PF 中马达，能量单元采用 7 号电池箱。

作品概况：

零件数量：320

长度：20 单位

宽度：18 单位

高度：15 单位

动力单元：PF 中马达

能量单元：7 号电池箱

驱动方式：电动

3.2.2　动态效果

六足蜘蛛采用划动方式，同时运行六条腿，六条腿的相对运动关系是昆虫最常见的三角步态，行走非常平稳。改变马达旋转方向，可以实现直线前进和后退，如图 3-16 所示。

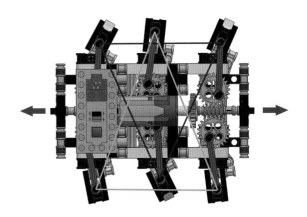

图 3-16　三角步态和行走方向

手机扫码观看六足蜘蛛视频演示。

3.2.3　结构解析

本小节主要从三个方面解析六足蜘蛛的

结构，分别是主框架、传动系统和腿部连杆系统。

1. 主框架

它是这个作品核心部分，为所有零件提供一个坚固稳定的支撑。由 136 个零件组成，如图 3-17 所示，主要使用到各种规格的直梁、角梁、轴、销等零件。其中四个 3×5 角梁的使用需要加以注意，只有这个零件才能保证框架垂直方向的稳定。

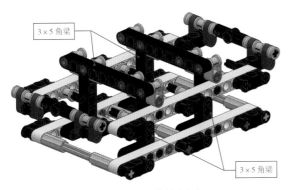

图 3-17　六足蜘蛛主框架

2. 传动系统

传动系统包括 14 个 24T 齿轮和 3 个蜗杆。两个 24T 齿轮将马达的动力传递到主转动轴上，主传动轴上安装有 3 个蜗杆，蜗杆将动力传递给分布在其两侧的 6 个作为涡轮的 24T 齿轮。传动系统安装完成，如图 3-18 所示。

传动原理如图 3-19 所示。如果主传动轴逆时针转动，主转动轴上的 3 个蜗杆与其同步转动。蜗杆带动其两侧的涡轮（24T 齿

轮），两侧的涡轮反向转动。

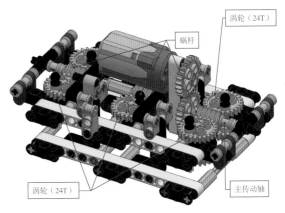

图 3-18　六足蜘蛛传动机构

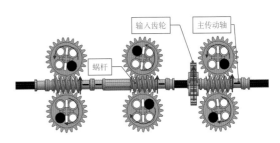

图 3-19　传动原理图

3. 腿部连杆系统

腿部连杆机构是这个案例的精华。涡轮的动力传递给两个同轴的 24T 齿轮，两个齿轮同步转动。两个 24T 齿轮上都连接着一根连杆。上方的连杆是 6 单位的，下方的连杆是 4 单位的。6M 连杆两端与两个球头连接，可以实现万向传动。

摆动腿的垂直方向的转动受到纵向轴的约束，在水平方向的转动受到横向轴的约束，如图 3-20 所示。

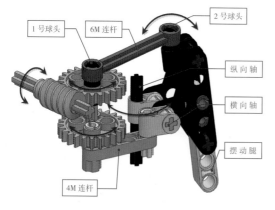

图 3-20　腿部连杆机构

腿部连杆机构的传动流程如下。

（1）上方的 24T 齿轮被涡轮驱动，该齿轮上的 1 号球头随之转动；

（2）6M 连杆随着 1 号球头摆动，带动摆动腿顶端的 2 号球头做垂直方向上的摆动；

（3）下方的 4M 连杆带动摆动腿的下半部分做水平方向的摆动；

在上述两种摆动的共同作用下，摆动腿的底端将做椭圆形摆动。

图 3-21 展示了摆动腿在 24T 齿轮逆时针转动，每隔 90°角所呈现的四个基本状态。

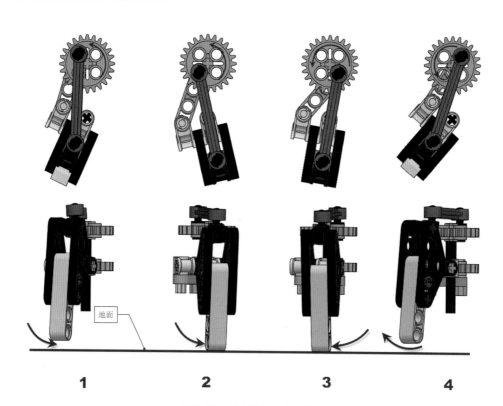

图 3-21　摆动腿的四个状态

在图 3-21 中，24T 齿轮按逆时针方向转动，摆动腿做周期性的摆动，具体步骤如下。

（1）摆动腿位于状态 1 时是腾空的。向状态 2 运行时，摆动腿向右下方摆动。到状态 2 时，腿将接触到地面。

（2）状态 2 运行到状态 3 时，摆动腿落在地面上向左摆动。此时，摆动腿踏在地面上向右侧走动。

（3）状态 3 运行到状态 4 时，摆动腿继续向右上方摆动，逐步离开地面。

（4）摆动腿在腾空状态从状态 4 运行到状态 1 时，形成一个完整的循环。

六足蜘蛛的所有六条腿都按照上面的流程循环摆动。同时六条腿的运行还遵循三角步态原则，总是有三条腿（同侧的首尾两条腿和对边中间的一条腿）保持同步运动，同时着地，保持身体平稳向前走动，如图 3-22 所示。

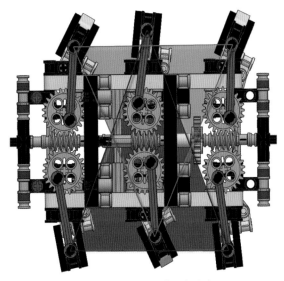

图 3-22 六足蜘蛛的三角步态

3.2.4 搭建指南

六足蜘蛛共使用零件 37 种 320 个，零件表如图 3-23 所示。

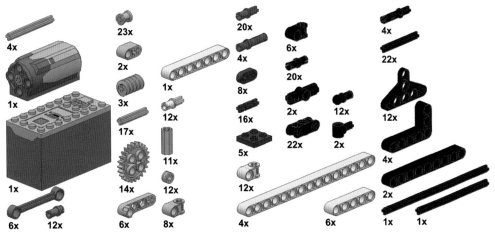

图 3-23 六足蜘蛛零件表

1. 搭建要点

本作品在搭建环节需要注意的是，作为涡轮的六组 24T 齿轮的相位和齿轮上的球头一旦安装不正确，六足蜘蛛将无法正常行走。搭建时应注意以下两个方面。

- 同一侧的三个齿轮，切不可随意安装，应尽量保持在同一个相位。直观地看，三个齿轮上的销孔尽量保持在一条直线上。
- 六个 24T 齿轮上球头的相对位置也务必注意，正确的安装结果应该呈现一种波浪形，如图 3-24 所示。

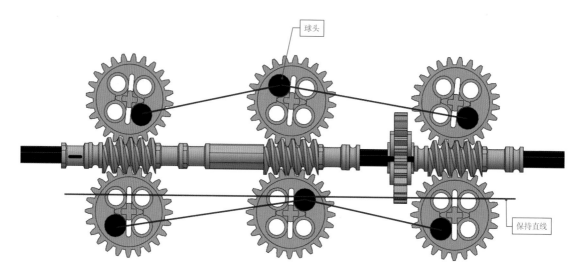

球头

保持直线

图 3-24　六组涡轮和球头的安装位置

2. 组装及成品图

组装及成品图见图 3-25。

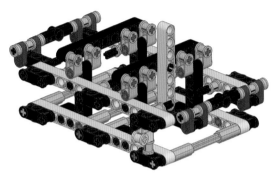

中心框架完成

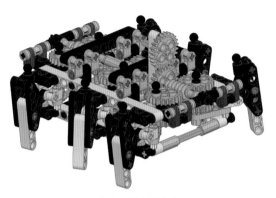

传动系统安装完成

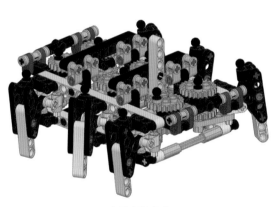

六足安装完成

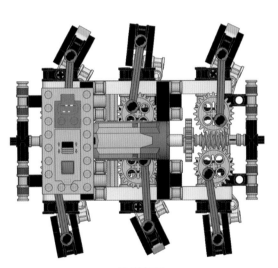

成品俯视图

图 3-25 六足蜘蛛装配及成品图

3. 搭建步骤图

搭建六足蜘蛛共有 62 步，如图 3-26 所示。

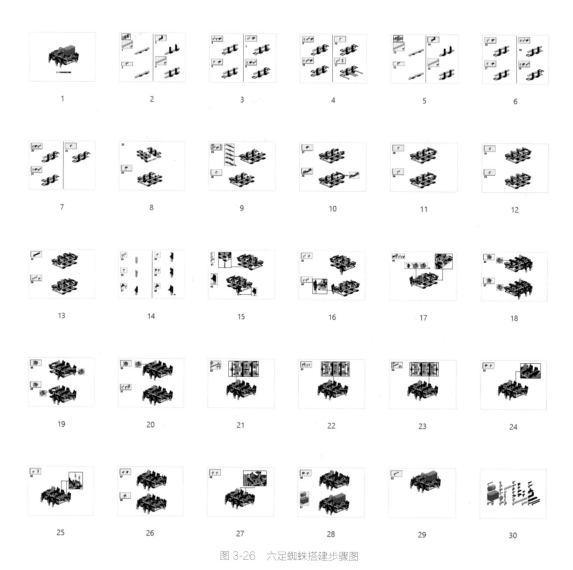

图 3-26　六足蜘蛛搭建步骤图

手机扫码观看六足蜘蛛搭建视频指导。

3.3 另类四足机器人

3.3.1 概述

通常的四足机器人，都是采用对角线步态，四条腿一般设计成各自独立运行。

这个案例却设计得与众不同，将位于对角的两条腿采用刚性连接形成一个整体，其行走的动态效果也十分特别，它属于一种比较另类的四足机器人作品，故有"另类四足机器人"之名。

在结构模块上，这个作品可分为框架、传动、四足和连接框架等几个部分，如图3-27

所示。

另类四足机器人的四个脚掌被设计成了H形，这样与地面的接触面积更大，行走更加平稳。另类四足机器人采用中马达作为动力单元，7号电池箱被隐藏在主框架内部。

作品概况：

零件数量：184

长度：23 单位

宽度：13 单位

高度：18 单位

动力单元：PF 中马达

能量单元：7 号电池箱

驱动方式：电动

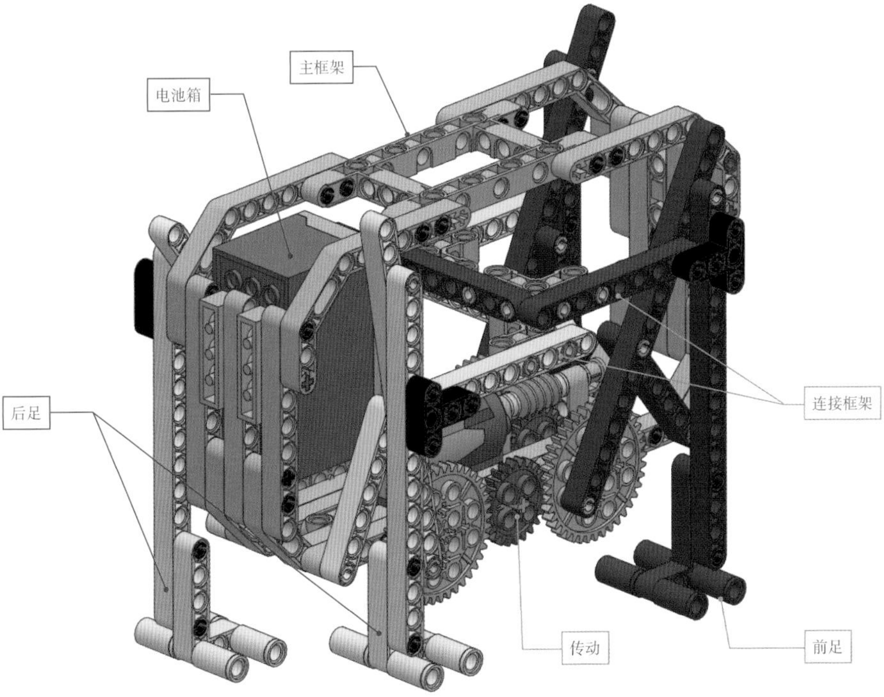

图 3-27　乐高另类四足机器人

3.3.2 动态效果

另类四足机器人采用电动方式，也可采用遥控方式运行。若采用遥控方式，需另外安装遥控接收器。通过遥控或切换电池箱上的方向开关，可实现马达两个方向的转动。

机器人的两组对角的足，在传动机构和连杆机构的驱动下，做近似半椭圆形摆动，两组足交替落地，可形成两个方向的直线行走。两组足的运行轨迹如图 3-28 所示。

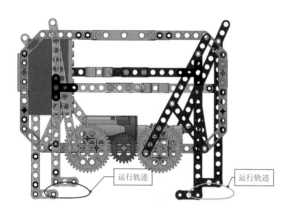

图 3-28　足的运行轨迹

另类四足机器人的行进方向，如图 3-29 所示。

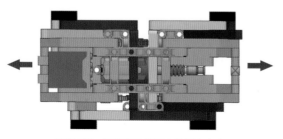

图 3-29　另类四足机器人的行走方向

手机扫码观看另类四足机器人视频演示。

3.3.3 结构解析

1. 主框架

另类四足机器人的主框架呈现一个不等边的八边形，由 66 个零件组成，三维尺寸为 23×7×13 乐高单位。它主要使用了大弯梁、直梁、H 形梁、3 美金和轴销等零件，外形如图 3-30 所示。

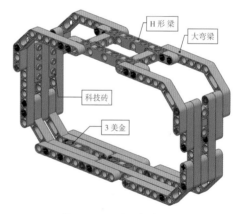

图 3-30　另类四足主框架

图 3-30 中，框架左侧的两个 1×4 科技砖的作用是用于安装 7 号电池箱。这里的几个大弯梁的使用，既满足了大跨度的连接，同时也使框架更加美观。

2. 对角足

这个作品最具特色的部分就是两组刚性连接对角足。和常见的四足机器人最大的不同是,这个作品把对角的两组腿和足刚性连接在了一起。它主要的连接零件是 T 形梁和 5 美金。这样的连接结果是零件之间都能保持垂直,且不会变形,如图 3-31 所示。

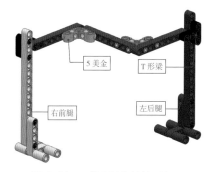

图 3-31 一组刚性连接的对角足

3. 传动系统

另类四足传动系统的动力传输的流程如图 3-32 所示。

(1)马达输出的动力带动蜗杆;

(2)蜗杆带动作为涡轮的 24T 齿轮;

(3)24T 齿轮转动,带动与其同轴的两个 40T 齿轮转动;

(4)40T 齿轮将动力传递给与其啮合的24T 齿轮;

(5)24T 齿轮将动力传递给与其啮合的40T 齿轮。

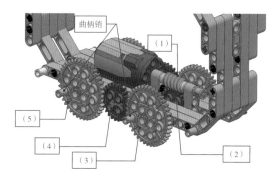

图 3-32 另类四足传动系统

图 3-32 中的四个 40T 齿轮在这里具有双重功能,它既是传动元件,同时也利用其侧面的销孔驱动腿部连杆,被当成一个曲柄来使用。

假定现在 40T 齿轮沿顺时针方向转动,腿部在四个位置的连续运动状态如图 3-33所示。

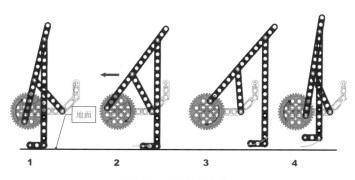

图 3-33 腿部的四个状态

腿部四个连续的运动状态说明如下。

（1）状态 1 的时候，脚掌落在地面上。

（2）从状态 1 到状态 2，脚掌向右侧摆动，仍然在地面上。这个过程中，机器人向左侧行进。

（3）从状态 2 到状态 3，脚掌向右上方摆动，逐渐腾空。

（4）状态 3 到状态 4，脚掌继续向右上方摆动，仍处于腾空状态。

对角上的腿与上述运行状态是完全一致的，另一组对角足的状态与此恰好相反，两组对角足交替连续运行，机器人将保持连续行走。

3.3.4　搭建指南

另类四足机器人共使用零件 35 种 184 个，零件表如图 3-34 所示。

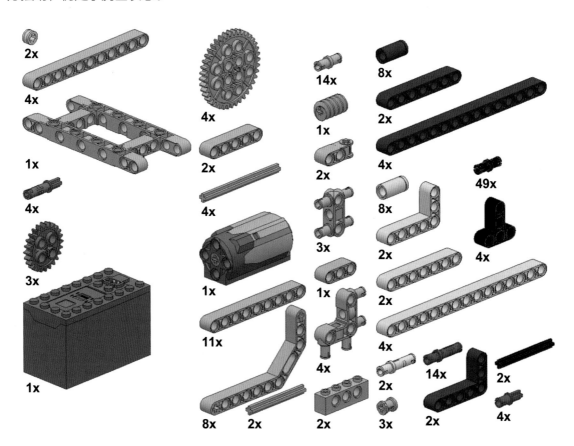

图 3-34　另类四足机器人零件表

1. 搭建要点

这个案例在装配时需要注意的问题是，两组对角足的对称性问题。对边的 40T 齿轮上的曲柄销务必要错开 180°，同侧的安装在相同的位置，如图 3-35 所示。

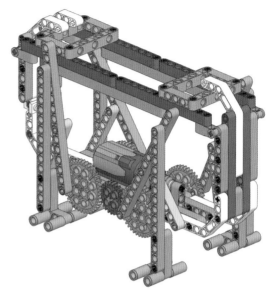

四足安装完成

图 3-35　两侧曲柄销的安装位置

2. 组装及成品图

组装及成品图见图 3-36。

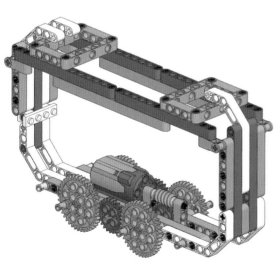

主框架和动力组件

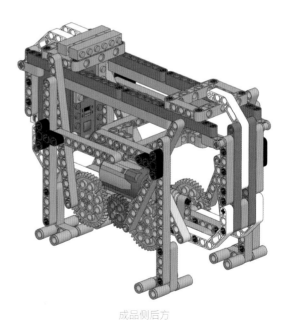

成品侧后方

图 3-36　另类四足机器人组装及成品图

3. 搭建步骤图

搭建另类四足机器人共 64 步，如图 3-37 所示。

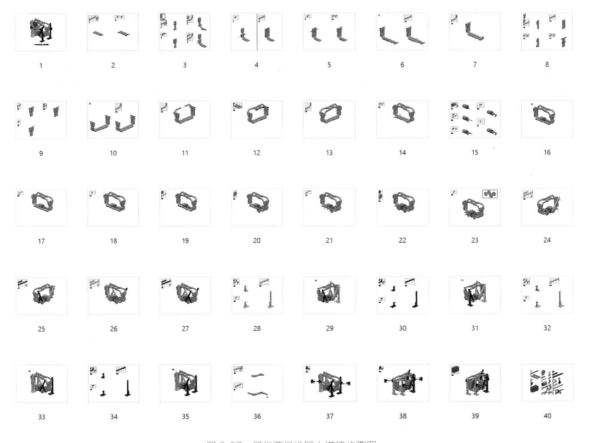

图 3-37　另类四足机器人搭建步骤图

手机扫码观看另类四足机器人搭建视频指导。

3.4 遥控转向两足机器人

3.4.1 概述

在各类多足机器人中，可变重心的两足机器人的设计难度是最大的，主要原因是重心的控制比较难，设计得不好，机器人很容易跌倒。

比较常见的可变重心两足机器人通常是单马达结构，一般只能走直线。这个案例是一款较为少见的双马达遥控两足，通过遥控器的操控，不但可以直线行走，还可以做转向甚至跳舞等复杂动作。

转向两足机器人结构巧妙、功能强大、可玩性很高，成品如图 3-38 所示。

结构模块方面，这款机器人包括框架、脚掌、传动系统和电控等模块。

脚掌采用不等边的六边形设计，接触面积大，保证重心的稳定。

动力单元，采用两个 PF 中马达分别控制一个脚掌。能量单元采用体积小巧的 7 号电池箱。

作品概况：

零件数量：122

长度：13 单位

宽度：17 单位

高度：15 单位

动力单元：PF 中马达 ×2

能量单元：7 号电池箱

驱动方式：遥控

3.4.2 动态效果

遥控转向两足机器人采用一个 58122 遥控器进行操控。一个拨杆控制一个脚掌的动作，两个拨杆的组合可以实现很多动作，比如直线行走、直线后退、原地转身、向左和向右转向等，如图 3-39 所示。

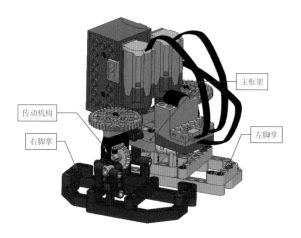

图 3-38　遥控转向两足机器人

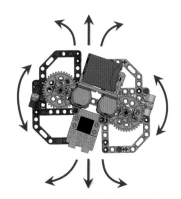

图 3-39　遥控转向两足机器人的行走方向

3.4.3 结构解析

这个作品最核心的部件是它的两个脚掌及其驱动机构。

脚掌内侧与主框架采用三个1号角块连接，这个连接在两个维度上都可以自由转动。

脚掌的外侧采用一个1号角块和三孔梁、双头销等与一个3单位曲柄连接，这个曲柄由变速箱驱动，可以双向360°转动，如图3-40所示。

脚掌在上述机构的作用下，具有很高的自由度和灵活性。假定3M曲柄逆时针转动，脚掌经历了4种状态的连续变化，如图3-41所示。

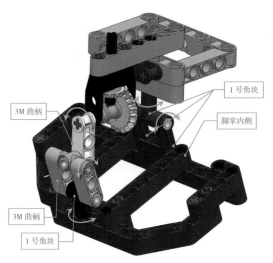

图 3-40　两足机器人的脚掌结构

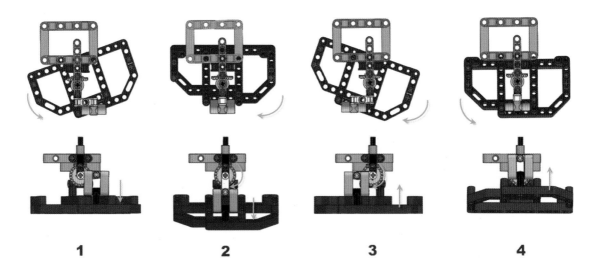

图 3-41　脚掌的 4 个连续状态

脚掌 4 种连续的运动状态说明如下。

（1）从状态 1 到状态 2，脚掌向下翻，同时向右转动。

（2）从状态 2 到状态 3，脚掌开始上翻，继续向左转动。此时这个脚掌是腾空的，机器人的重心在另一个脚掌上。

（3）从状态 3 到状态 4，脚掌继续上翻，同时向右转动。

（4）从状态 4 到状态 1，脚掌向下翻，同时继续向右转动，此时这个脚掌是踏在地面上的，机器人的重心也在这个脚掌上。

状态 2 的时候，机器人的右侧脚掌向下翻转到极限位置，重心在右脚掌上。此时左脚是腾空的，机器人向右倾斜，姿态如图 3-42 所示。

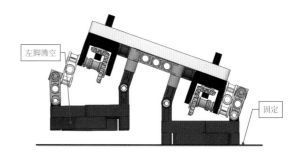

图 3-42　状态 2 时两个脚掌的相对位置

状态 4 时两个脚掌的位置关系与图 3-42 恰好相反。两种状态交替运行，机器人即可不断地向前行走。

3.4.4　搭建指南

遥控转向两足机器人共使用零件 41 种 122 个，零件表如图 3-43 所示。

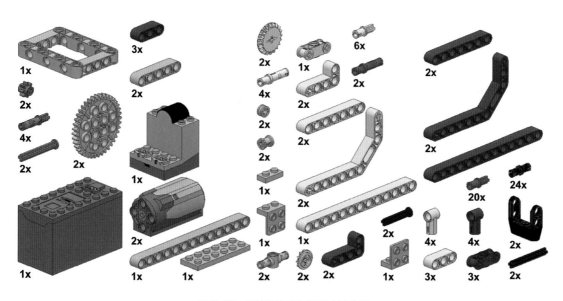

图 3-43　遥控转向两足机器人零件表

1. 零件指南——乐高中的角块

本案例中使用了多个乐高角块，角块是乐高中使用率很高的一类零件。乐高目前一共有 6 种规格的角块，如图 3-44 所示，自右至左分别为 6 ～ 1 号角块。

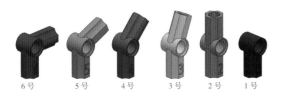

| 6号 | 5号 | 4号 | 3号 | 2号 | 1号 |

图 3-44 乐高中的角块

1 号角块（编号 32013）为 0°角，2 号角块（编号 32034）为 180°角，3 号角块（编号 32016）为 157.5°角，4 号角块（编号 32192）为 135°角，5 号角块（编号 32015）为 112.5°角，6 号角块（编号 32014）为 90°角。图 3-45 所示为 4 号角块的夹角示意图。

上述六种角块中，除了 1 号角块外，其他五种的结构都是中间一个圆形的销孔，两端各带有一个十字轴套。区别是两端轴套之间的夹角不同。

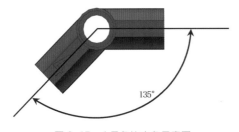

135°

图 3-45 4 号角块夹角示意图

角块可以在两个零件之间形成一个特定角度的刚性连接，因为这个特点，它在科技类作品中使用非常广泛。本书中就有多个案例使用到各种规格的角块，发挥着不可替代的作用。六种角块中，除了 5 号角块使用较少外，其他五种都很常用。

角块使用的经典案例是乐高活动雕塑大师 aeh5040（网名）设计的活动雕塑作品 Slithy Toves。在这个作品中，一共使用了 1 号角块 2 个，2 号角块 4 个，3 号角块 64 个，4 号角块 36 个， 6 号角块 8 个。除了 5 号角块外，其他规格的角块悉数亮相。没有这么多规格角块的使用，这个作品根本无法完成，如图 3-46 所示。

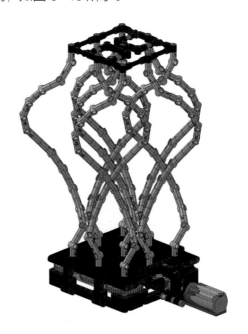

图 3-46 乐高活动雕塑——Slithy Toves

2. 组装及成品图

组装及成品图见图 3-47。

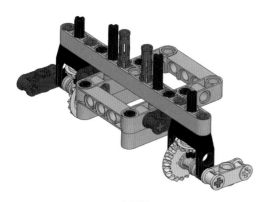

主框架

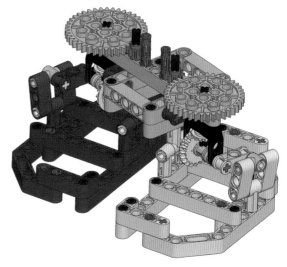

传动系统安装完成

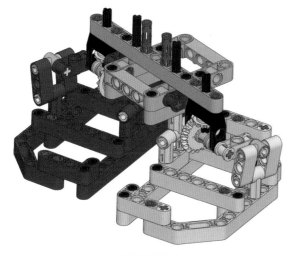

脚掌安装完成

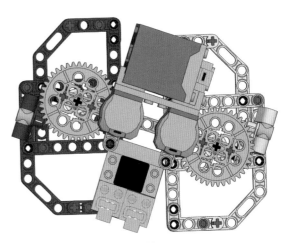

成品俯视图

图 3-47　转向两足机器人装配及成品图

3. 搭建步骤图

搭建遥控转向双足机器人共有 38 步，如图 3-48 所示。

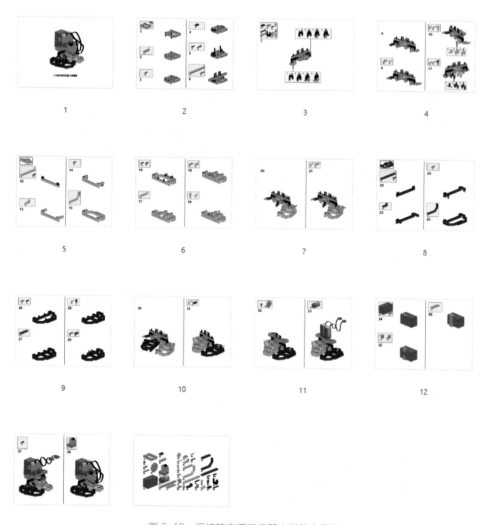

图 3-48　遥控转向两足机器人搭建步骤图

手机扫码观看遥控转向两足机器人搭建视频指导。

3.5 Jansen 连杆——海滩怪兽

3.5.1 概述

这款机器人的原型是荷兰动能艺术家 Theo Jansen 创作的海滩怪兽。

海滩怪兽是 Jansen 研究的系列动能艺术项目，这些怪兽是由一些简单的黄色塑料管或者塑料瓶组成，利用风能作为驱动力，运用一系列的机械原理，能在海滩上独立行走，还能躲避天敌——海水。图 3-49 为 Jansen 和他制作的海滩怪兽。

图 3-49　Jansen 和海滩怪兽

具有理科知识背景的 Jansen 发明了一种连杆机构，用于怪兽的腿部。

这种连杆机构由 11 根连杆和一个曲柄构成，其足尖的运行轨迹是一个不规则的三角形，三角形的底边是一条近乎完美的直线。

这种机构可以让机器人非常平稳地在地面上行走。这款连杆也被因此命名为"Jansen 连杆"，如图 3-50 所示。

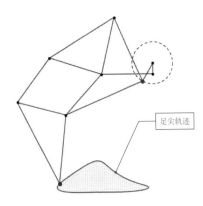

足尖轨迹

图 3-50　Jansen 连杆机构

乐高版 Jansen 连杆机器人采用这种连杆作为腿部机构，这款机器人上一共安装了 8 组 Jansen 连杆机构。按照功能模块，可分为工字形框架、传动、电控和腿部连杆等几个部分。成品如图 3-51 所示。

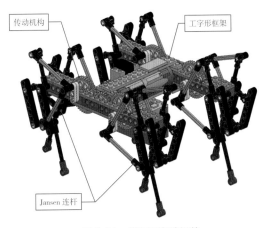

传动机构　工字形框架

Jansen 连杆

图 3-51　乐高版海滩怪兽

动力模块采用"双发"设计，两个中马达分别驱动一侧的四条腿，这样可以获得最高的灵活性。

能量单元采用 7 号电池箱，一个 58123 遥控接收器。

作品概况：

零件数量：273

长度：30 单位

宽度：25 单位

高度：18 单位

动力单元：PF 中马达 ×2

能量单元：7 号电池箱

驱动方式：遥控

3.5.2　动态效果

乐高版海滩怪兽共有 8 条腿，采用遥控方式操作，可以实现直线前进、后退、原地转向、单侧转向等动态行走效果，如图 3-52 所示。

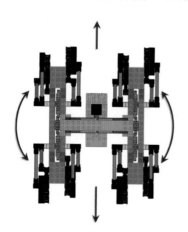

图 3-52　海滩怪兽的行走方向

手机扫码观看海滩怪兽机器人视频演示。

3.5.3　结构解析

1.Jansen 连杆

标准的 Jansen 连杆由 12 根连杆和一个连续转动的曲柄组成，各连杆和曲柄的精确尺寸如图 3-53 所示。

a: 38
b: 41.5
c: 39.3
d: 40.1
e: 55.8
f: 39.4
g: 36.7
h: 65.7
i: 49
j: 50
k: 61.9
l: 7.8
m: 15

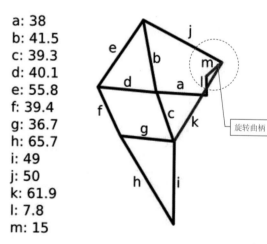

旋转曲柄

图 3-53　Jansen 连杆精确尺寸图

采用乐高零件设计的 Jansen 连杆有很多种方案，本案例所采用的方案如图 3-54 所示。由于受到乐高零件的规格限制，无法精确表现各连杆的尺寸，只能是一个近似值。

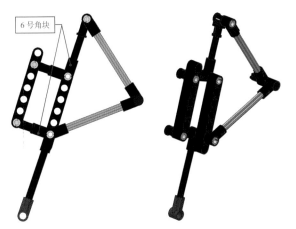

图 3-54　乐高版 Jansen 连杆机构

本案例中的 Jansen 连杆，省略掉了图 3-53 中的 e 和 h 连杆。由于这两个连杆都处于三角形之中，根据三角形稳定性原理，这两根连杆是不会有任何旋转的。由 b 和 d 连杆所构成的夹角用一个 6 号角块代替，这样可以省去一个零件。g 和 i 之间的夹角也用一个角块连接。

2. 工字形框架

这个案例的主框架由科技砖和各种规格的板组成，外形呈一个工字形。两个驱动马达也作为工字形框架的一个部分，如图 3-55 所示。

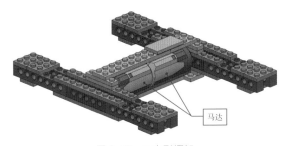

图 3-55　工字形框架

3. 传动系统

这个作品的传动系统由 4 个 40T 齿轮和两个 24T 齿轮构成，如图 3-56 所示。

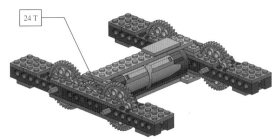

图 3-56　传动系统

这套传动系统的转速比为 0.6，传动比为 1.67 倍。换言之，系统将马达的转速降低为 60%，扭矩增加 1.67 倍。安装上 8 条腿的曲柄之后，如图 3-57 所示。

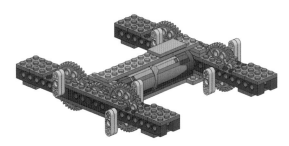

图 3-57　曲柄安装完成

3.5.4　搭建指南

1. 零件指南——乐高零件的替换

爱好者在进行 MOC 设计的时候，经常会遇到某种零件短缺或者数量不够的情况。其实，乐高中的很多零件都是可以替换的，替换后的效果大多数情况是一样的。

　　本例中的 Jansen 连杆，采用轴、直梁、角块和交叉块等各种规格的零件。在搭建的时候，如果遇到某些零件短缺，也可以采用其他零件进行替换。这里列举两个方案，如图 3-58 所示。

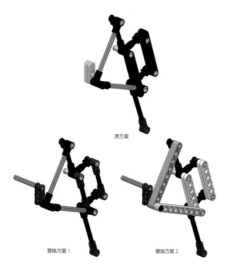

原方案

替换方案 1　　替换方案 2

图 3- 58　腿部连杆零件替换方案

替换方案 1 中，将 c 和 f 两个连杆替换成了 4M 轴 +1 号角块，将曲柄替换成了 32184 交叉块。

　　替换方案 2 中，将 c 和 f 两个连杆替换成了 6M 薄壁梁，j 和 k 两根连杆替换成了 9M 梁。

　　上述两个方案各有利弊，方案 1 全部采用轴作为连接件。方案 2 尽量采用直梁，但是用到了 4 个 6M 薄壁梁，相对比较少见。

2. 零件表

　　乐高版海滩怪兽共使用零件 29 种 273 个，零件表如图 3-59 所示。

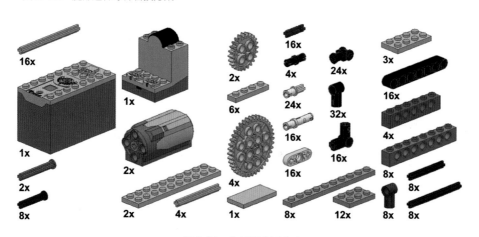

图 3-59　海滩怪兽零件表

3. 组装及成品图

组装及成品图见图 3-60。

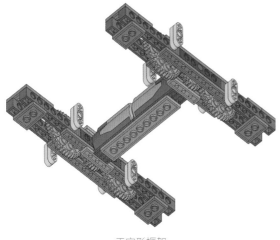

工字形框架

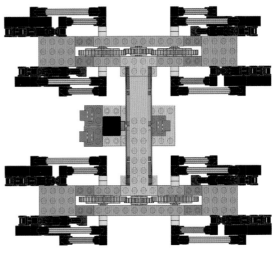

成品俯视图

图 3-60 海滩怪兽组装和成品图（续）

4. 搭建步骤图

搭建乐高海滩怪兽共 39 步，如图 3-61
所示。

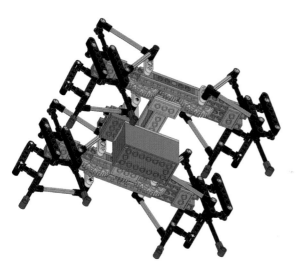

电控部分安装完成

图 3-60 海滩怪兽组装和成品图

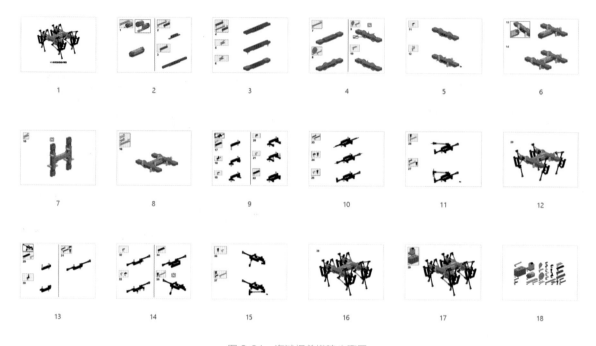

图 3-61　海滩怪兽搭建步骤图

手机扫码观看乐高海滩怪兽搭建视频指导。

第4章

仿生机器人

本章要点：

- 机器蛇
- 机器蠕虫
- 机器绵羊
- 马车

4.1 机器蛇

4.1.1 概述

自然界中的蛇属于爬行动物，由于没有进化出多足，其行动方式非常独特。蛇的行动方式一般分为三种——蜿蜒式运动、履带式运动和伸缩式运动。

乐高仿生机器蛇模仿蛇的运动规律，采用蜿蜒方式行动。机器蛇由 9 个可以灵活摆动的"关节"组成，在一套曲柄连杆机构和传动系统的驱动下，能够像真实的蛇一样水平波浪式弯曲身体不断向前行进。

乐高仿生机器蛇由活动关节、传动系统和电控等几个部分构成，成品如图 4-1 所示。

机器蛇采用 PF 大马达作为动力单元，7 号电池箱作为能量单元，可以遥控或电动操控。

作品概况：

零件数量：251

长度：88 单位

宽度：8 单位

高度：10 单位

动力单元：PF 大马达

能量单元：7 号电池箱

驱动方式：遥控 / 电动

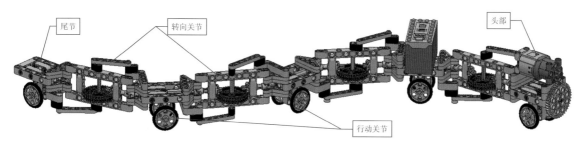

图 4-1　乐高机器蛇

4.1.2　动态效果

乐高机器蛇的动态效果如图 4-2 所示，蛇的躯体形态为当前的红色波浪形曲线。

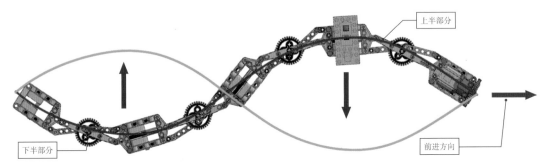

上半部分

下半部分

前进方向

图 4-2　机器蛇动态曲线

躯体各关节在传动系统的带动下，躯体的上半部分向下方变形，下半部分向上方变形，最终到达绿色波浪形曲线所在的状态。与此同时，机器蛇的整体向右侧前进。

到达绿色曲线之后，接下来蛇的躯干将反过来向红色曲线状态变形。与此同时，机器蛇的整体继续向右侧前进。

上述两种状态不断交替循环，机器蛇即可不断向前行走。

手机扫码观看乐高机器蛇视频演示。

4.1.3　结构解析

乐高机器蛇一共有 9 个关节，分为头部

关节、尾节、转向关节和前进关节等几种类型。

1. 头部关节

头部关节实际上是整个模型的动力来源。大马达的动力通过一组齿轮和轴传动系统传递到后面的关节。底部有两个薄轮胎与地面接触，如图 4-3 所示。

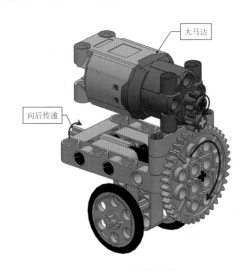

大马达

向后传递

图 4-3　机器蛇头部

2. 转向关节

转向关节是这个作品中的核心部件。整个机器蛇上使用了四个转向关节，每个转向关节由 43 个零件组成，包括 H 形梁、三角梁、12T 锥齿轮、36T 双面齿轮、万向节等零件。

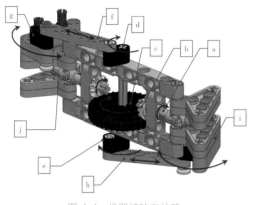

图 4-4　机器蛇转向关节

转向关节按照如图 4-4 所示的流程进行以下运作。

（1）从机器蛇头部输出的动力，通过万向节 a 传递到与其同轴的 12T 齿轮 b。

（2）12T 齿轮 b 将动力传递给与其啮合的 36T 齿轮 c，36T 齿轮将动力传递给与其同轴的曲柄 d 和 e。

（3）曲柄 d 连续转动，带动连杆 f 做往复运动，连杆 f 将带动部件 g 做往复摆动。

（4）曲柄 e 连续转动，带动连杆 h 做往复摆动，带动部件 i 做往复摆动。

（5）36T 齿轮带动与其啮合的 12T 锥齿轮，将动力传递给与 12T 齿轮同轴的万向

节 j，将动力继续向下一个关节传递。

g 和 i 两个部件的往复摆动，将带动与其连接的前进关节也做往复摆动，所有关节协调运动，即可形成机器蛇的波浪式前进。

3. 前进关节

机器蛇模型上一共有三个前进关节。虽然名为前进关节，但是这个关节的结构相当简单，也没有动力输入。前进关节由 15 个零件组成，包括方框梁、3×5 角梁和 4185 薄片轮等零件，如图 4-5 所示。

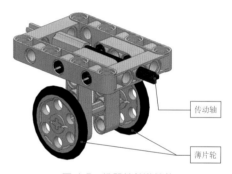

图 4-5　机器蛇前进关节

前进关节上的轮胎是机器蛇与地面接触的唯一部件，加上头部关节和尾部的另外 4 个轮胎，一共有 10 个轮胎与地面接触。这里的轮胎并没有任何的动力输入，机器蛇能够前进，靠的是躯体的整体波浪扭曲，加上轮胎与地面的摩擦而产生的。

另外，前进关节的中间，还有一根传动轴穿过，将其两侧转向关节的动力连通起来。

4. 尾节

尾节处于机器蛇的尾部，也属于前进关

节中的一员。这个部件与前进关节的结构几乎完全一样，唯一的区别是没有传动轴，如图4-6所示。

图 4-6　机器蛇尾节

4.1.4　搭建指南

1. 零件指南——乐高中的薄壁类零件

薄壁类零件是乐高中的一个独立的分类。在 LDD 4.3.11 版本的零件库中，有 15 个种类，一共 156 款薄壁零件。如果加上扩展模式中的两个种类，一共有 17 个种类，如图 4-7 所示。

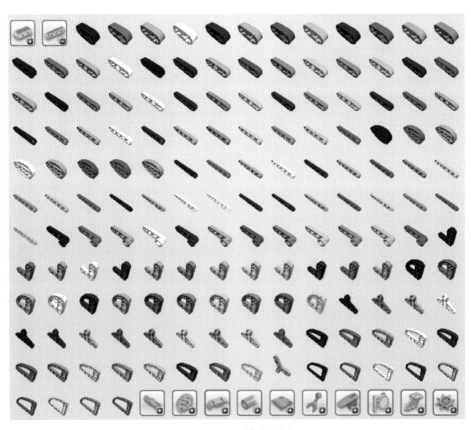

图 4-7　LDD 薄壁零件库

薄壁类零件中，很多英文名称中带有
HALFBEAM，意思是厚度为普通梁的一半。普
通梁的厚度约为 7.88mm，薄壁梁的厚度约为
3.94mm。图4-8为5孔薄壁梁和普通梁的对比。

图 4-8　两种 5 孔梁的对比

2. 薄壁零件的分类

和普通梁一样，薄壁梁零件也分为直梁、
角梁等种类，当然其中也有与普通梁不同的
特殊种类。薄壁梁中的直梁有 2、3、4、5、
6、7 共六个种类，如图 4-9 所示。

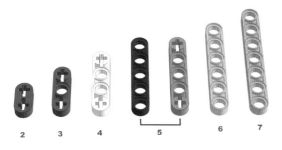

图 4-9　薄壁直梁

其中，2、3、4 单位三种规格的薄壁梁
都是两端带有十字轴孔的。6 和 7 单位全部
都是圆孔。5 单位薄壁梁比较特殊，有两种规
格，一种带有两个十字轴孔，另一种是全圆
孔的。

薄壁直梁的官方命名，凡是带有十字
孔的英文名都是 LEVER，意思是连杆。全
部都是圆孔的才被称为 HALFBEAM（薄
梁）。比如，2 单位薄壁梁的官方英文名是
TECHNIC LEVER 2M，意思是"2 单位科
技连杆"。3 单位、4 单位和 5 单位的零件亦
然，但是这类零件一般统称为薄壁梁。

薄壁梁中的角梁与普通梁差别较大，薄
壁角梁一共有四种规格，如图 4-10 所示。

3X3　　3X3带圆弧　　3X5带圆弧　　5X7带圆弧

图 4-10　薄壁角梁

除了左侧的 3×3 角梁之外，其他三种都
带弧形边框。

三角梁的外形是一个等边锐角三角形，
由于外形酷似衣架，也被称为"衣架梁"，
如图 4-11 所示。

2905　　　　　　　99773

图 4-11　三角梁

三角梁曾出现过两种不同的款式，其编号

也不一样。图 4-11 中左侧的是老款衣架梁，编号为 2905，右侧是新款，编号为 99773。老款与新款的区别是两条斜边的布局不一样，老款的斜边与两端的圆弧是相切的。

三角梁在科技作品中很常用，本案例中就采用了多达 32 个三角梁。

3. 搭建要点

在搭建这个作品的时候，务必要注意每个转向关节曲柄之间的相位关系。

每个曲柄是在上一个关节曲柄的基础上按照固定旋向转动 90°，这样才能保证机器蛇的躯体是一个波浪形的曲线，如图 4-12 所示。

图 4-12 中，1 ~ 4 四个关节的曲柄是按照顺时针方向转动的。2 号关节上的曲柄在 1 号曲柄的基础上顺时针转动 90°。以此类推，3 号曲柄在 2 号曲柄的基础上再顺时针转动 90°，4 号曲柄在 3 号曲柄的基础上顺时针转动 90°。

4. 零件表

乐高机器蛇共使用零件 31 种 251 个，零件表如图 4-13 所示。

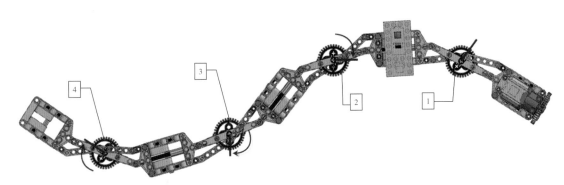

图 4-12　关节之间的相位关系

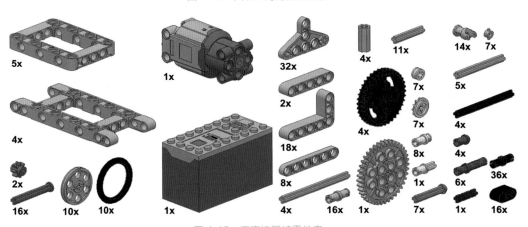

图 4-13　乐高机器蛇零件表

5. 组装及成品图

组装及成品图见图 4-14。

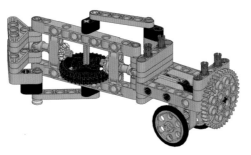

头部和转向关节

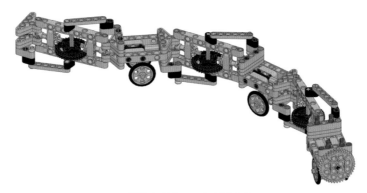

两组转向关节和两组前进关节

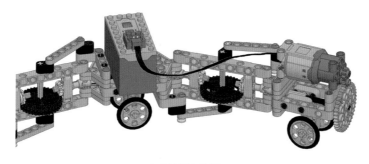

马达和电池箱

图 4-14 机器蛇的组装

6. 搭建步骤图

搭建机器蛇共 37 步，如图 4-15 所示。

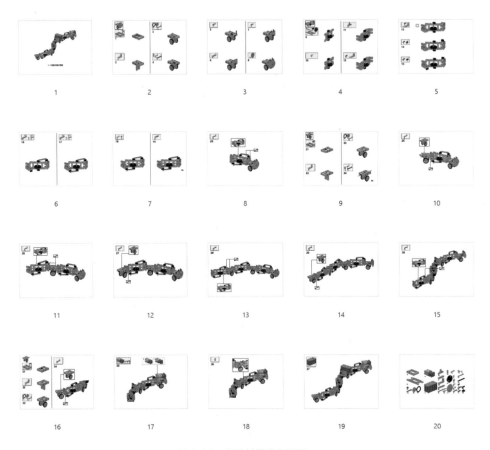

图 4-15　机器蛇搭建步骤图

手机扫码观看机器蛇搭建视频指导。

4.2　机器蠕虫

4.2.1　概述

乐高机器蠕虫是仿生类机器人作品，模拟蠕虫的运动特征，采用伸缩蠕动的方式行进，其动态效果十分生动、逼真。

从模块上划分，机器蠕虫可分为两大部分——可变形外壳和内部的伸缩机构。乐高机器蠕虫成品如图4-16所示。

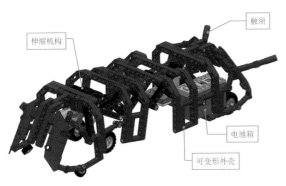

图4-16　乐高机器蠕虫

机器蠕虫的可变形外壳分为四个部分，即头部、尾部和中间的两个可折叠腰节，如图4-17所示。

图4-17　外壳的构成

机器蠕虫可采用电动或遥控方式驱动。本例中采用中马达作为动力单元，7号电池箱作为能量单元。

此外，它还可以使用WEDO或Powered Up之类的可编程模块操控，再加上传感器，实现人机交互，效果会更加有趣。

作品概况：

零件数量：345

长度：52单位

宽度：18单位

高度：11单位

动力单元：PF中马达

能量单元：7号电池箱

驱动方式：遥控/电动

4.2.2　动态效果

机器蠕虫在内部机构的驱动下，可以在收缩和伸展这两个状态之间不断循环。

收缩时，两个腰节相互靠近、折叠并向上拱起，蠕虫的纵向长度收缩到最短，约为40个单位。

伸展时，两个腰节互相拉开，蠕虫外壳被完全拉直，蠕虫的纵向长度达到最大，约为47个单位。两种状态的对比如图4-18所示。

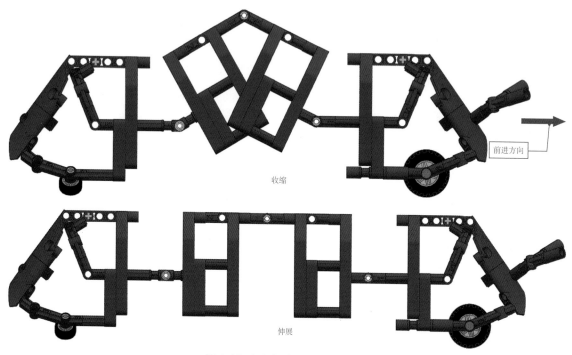

图 4-18 机器蠕虫的两种极限状态

蠕虫内部的伸缩机构上安装了棘轮机构，当蠕虫收缩时，头部被锁止，尾部向头部靠近；当蠕虫伸展时，尾部被锁止，头部向前运动；

每个收缩到伸展的动作循环，蠕虫大约可向前行进 7 个乐高单位。

手机扫码观看乐高机器蠕虫的视频演示。

4.2.3　结构解析

这个作品最主要的两个部件是可折叠腰节和伸缩机构。

1. 可折叠腰节

可折叠腰节分为两节，是由大弯梁、直梁和角块等零件构成的门框形构件。黄绿色的腰节与尾部相连，蓝色的腰节与头部相连。两个腰节之间、腰节与头部和尾部之间都采用活动铰链（1 号角块 + 光滑销）相连接，可以灵活转动，如图 4-19 所示。

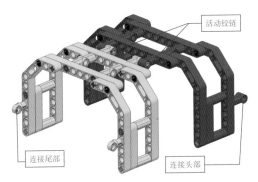

图 4-19　可折叠腰节

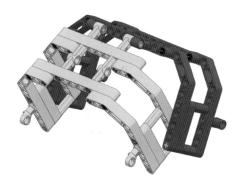

图 4-21　腰节的嵌套

这两个腰节的高度是一致的，都是 9 个单位，但是宽度却不同，靠近尾部的黄绿色腰节的宽度是 15 个单位，靠近头部的蓝色腰节宽度是 17 个单位，如图 4-20 所示。

2. 伸缩机构

可变形外壳内部是一个电动伸缩机构，由各种规格的直梁、弯梁、车轮等零件构成，如图 4-22 所示。

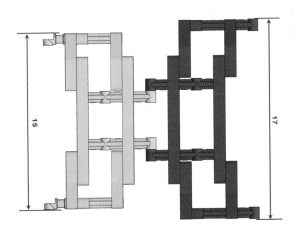

图 4-20　腰节的宽度

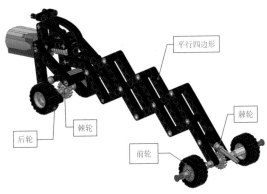

图 4-22　伸缩机构

当蠕虫收缩时，黄绿色的腰节可以折叠收缩到蓝色腰节里面，二者形成一个嵌套关系，最大限度地利用空间，如图 4-21 所示。

伸缩机构采用中马达驱动涡轮蜗杆机构，涡轮（8T 齿轮）带动曲柄连杆，曲柄连杆驱动三个连续的平行四边形机构，实现伸缩变形。伸缩机构前后两端都带有棘轮机构，可以单向锁止前后两组车轮，如图 4-23 所示。

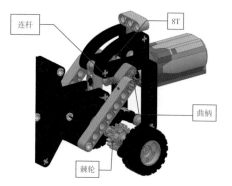

图 4-23　涡轮蜗杆和曲柄连杆

当曲柄转动到 4 点钟位置时，伸缩机构收缩，变形到最短状态，前后轮之间的轴距大约是 20 个单位。

当曲柄转动到 10 点钟位置时，伸缩机构伸展，变形到最长状态，前后轮之间的轴距大约是 29 个单位，如图 4-24 所示。

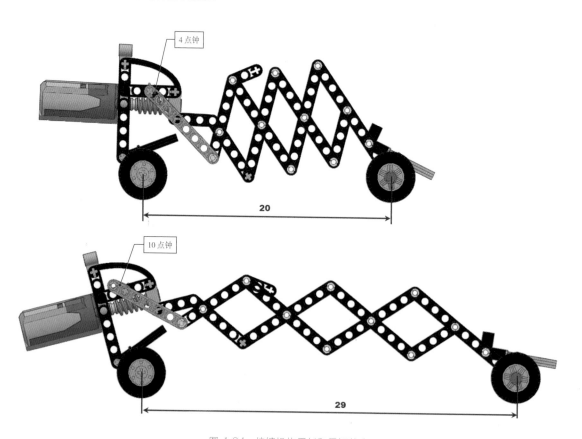

图 4-24　伸缩机构最长和最短状态

4.2.4 搭建指南

1. 零件指南——乐高中的铰链

这个案例中用到了多个铰链装置，用来获得灵活的转动。在乐高中，搭建铰链可以采用两个1号角块加上光滑销，也可以采用轴销连接件32126进行搭建。

采用1号角块和光滑销搭建的铰链如图4-25所示。这种方案的优点是，转动范围很大，可以在360°范围内任意转动。但是也有个比较明显的缺点，就是角块两侧的轴孔不共线。整个铰链装置的横向宽度达到2个乐高单位，不够紧凑。

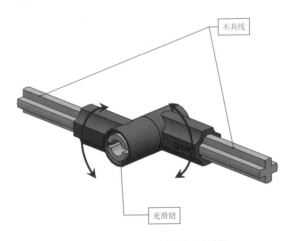

图4-25 采用1号角块搭建的铰链

如果采用两个32126搭建铰链，通常采用1.1/4销作为连接件，如图4-26所示。

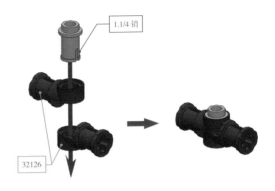

图4-26 采用32126搭建的铰链

这种铰链的特点与1号角块方案恰好相反。其优点是，两侧的轴孔是共线的，宽度只有1个单位，占用空间小。不足之处是，转动范围只有180°，不能连续转动，如图4-27所示。

图4-27 32126的转动范围

2. 零件表

乐高机器蠕虫使用零件 62 种 345 个，零件表如图 4-28 所示。

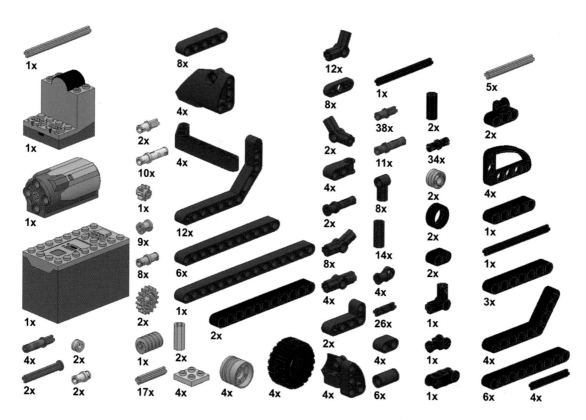

图 4-28　乐高机器蠕虫零件表

3. 组装及成品图

组装及成品图见图 4-29。

伸缩机构

外壳安装完成

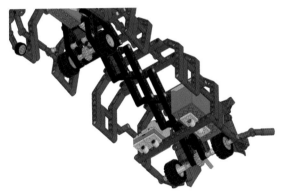

电控部分安装完成

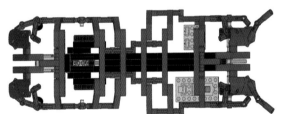

成品俯视图

图 4-29　机器蠕虫组装及成品图

4. 搭建步骤图

搭建乐高机器蠕虫共 126 步，如图 4-30 所示。

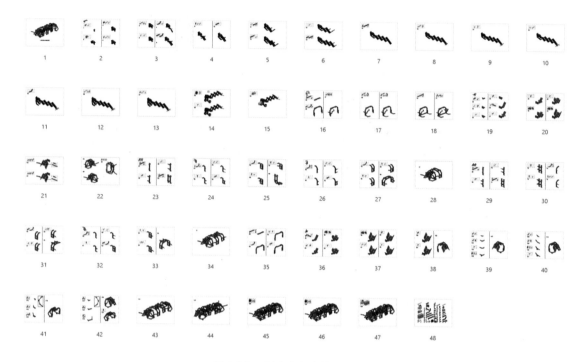

图 4-30　乐高机器蠕虫搭建步骤图

手机扫码观看机器蠕虫搭建视频指导。

4.3　机器绵羊

4.3.1　概述

这是一款非常形象的仿生机器人作品，外形是一个全身白色的 Q 版绵羊，吐着红色的舌头，憨态可掬、惹人喜爱。

这款机器人从分类上属于四足仿生机器人，四个足都采用科技面板拼搭而成，是一种非常独特的设计，如图 4-31 所示为乐高机器绵羊成品左前方。

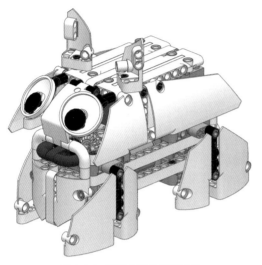

图 4-31　乐高机器绵羊左前方

机器绵羊全身基本采用白色、各种规格和形状的科技面板覆盖。所有传动系统、动力单元和能量单元都被巧妙地隐藏在这些面板之下，如图 4-32 所示为绵羊右后方。

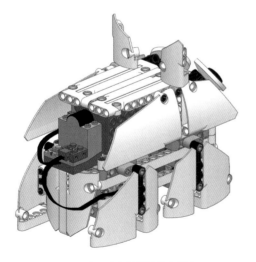

图 4-32　乐高机器绵羊右后方

乐高机器绵羊采用遥控方式操控，动力单元是一个 PF 大马达，能量单元是一个 7 号电池箱。

作品概况：

零件数量：219

长度：23 单位

宽度：11 单位

高度：18 单位

动力单元：PF 大马达

能量单元：7 号电池箱

驱动方式：遥控

4.3.2　动态效果

乐高机器绵羊采用遥控方式驱动，其行走方式是对角线步态的四足行走，可以实现直线前进和后退，如图 4-33 所示。

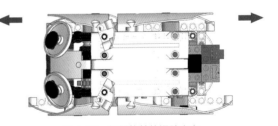

图 4-33　机器绵羊的运动方向

手机扫码观看乐高机器绵羊视频演示。

4.3.3 结构解析

机器绵羊的动力系统呈一个长方体，长宽高的尺寸为 15×6×11 单位，由若干方框梁、直梁、各种齿轮和轴销等零件构成。

机器绵羊的动力单元为 PF 大马达，通过传动系统最终将马达的动力传递到两侧的 8 个曲柄，动力系统如图 4-34 所示。

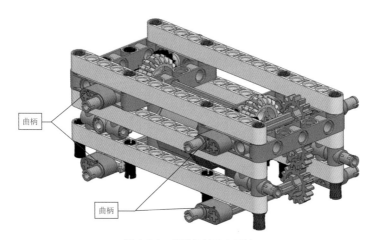

图 4-34　机器绵羊动力系统

机器绵羊的传动原理如图 4-35 所示。

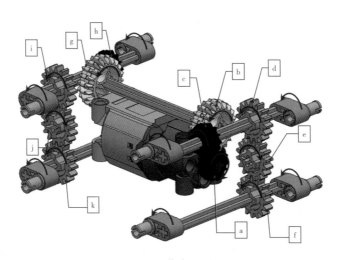

图 4-35　传动原理图

这套传动系统的传动流程如下。

（1）从马达输出的动力通过轴传动传递到 12T 双面齿轮 a。

（2）齿轮 a 将动力传递给 20T 双面齿轮 b。

（3）齿轮 b 将动力传递给 12T 齿轮 c，由于齿轮 b 和 c 都是双面齿轮，这个过程将传动角度改变了 90°。从齿轮 a 到齿轮 c，系统的转速经历了减速（12T ~ 20T）和增速（20T ~ 12T），最终抵消，所以齿轮 a 和齿轮 c 的转速是一致的。

（4）齿轮 c 将动力传递给与其同轴的 16T 齿轮 d。

（5）齿轮 d 通过齿轮 e，将动力传递给齿轮 f，齿轮 f 带动与其同轴的两个曲柄做逆时针转动。

（6）另外一路动力，齿轮 b 将动力通过轴传递给同轴的齿轮 g，齿轮 g 将动力传递给齿轮 h。由于两者都是双面齿轮，传动角度改变了 90°。

（7）齿轮 h 将动力传递给与其同轴的齿轮 i。

（8）齿轮 i 通过齿轮 j，将动力传递给齿轮 k，齿轮 k 带动与其同轴的两个曲柄做逆时针转动。

传动的最终结果是，8 个橙色的曲柄做同步、同向旋转。

4.3.4　搭建指南

1. 零件指南——乐高中的科技面板

科技面板是乐高中的常用零件种类，主要是作为装饰件使用。在 LDD 软件的面板零件库中，共收录科技面板 48 种，如图 4-36 所示。

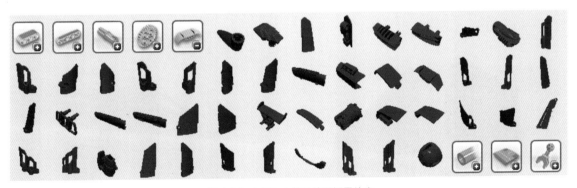

图 4-36　LDD 中的科技面板零件库

下面重点介绍最常用的五边形科技面板。这种面板的外形呈现不规则五边形，一共有 6 个规格。每种科技面板的周围都带有数量不等的销孔和轴孔，便于和其他零件组合。

面板按照其长度和宽度的尺寸来命名，例如，3×5 面板表示其宽度为 3 个单位，高度为 5 个单位，如图 4-37 所示。

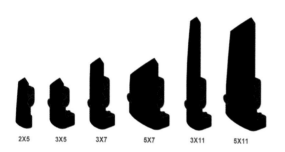

2X5　　3X5　　3X7　　5X7　　3X11　　5X11

图 4-37　五边形面板

由于这几种面板的形状自身是不对称的，所以图 4-37 中的面板都是左侧的，每种都带有与之配套的右侧面板。如图 4-38 所示为 5×7 规格左、右两侧面板。

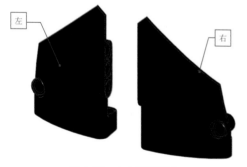

图 4-38　左右两侧面板

上述的所有规格的面板都有自己的编号。除此之外，为了从宏观上便于识别，每种面板的背后都带有一个数字编号。例如，2×5 面板的背后就有 21（右）和 22（左）的数字编号，如图 4-39 所示。

图 4-39　科技面板背面的数字编号

五边形面板具有极为强大的形状塑造能力，面板之间、面板和梁的组合可以做出极多外形，在科技类作品的车辆模型中使用非常广泛。乐高科技套装 9398（四驱越野车）上就使用了多块科技面板，用于塑造引擎盖、车门和车厢等部分，如图 4-40 所示。

图 4-40　乐高科技套装 9398

乐高科技套装 42056（保时捷 911）上使用的科技面板种类更多，其表面几乎全部采用各种形状和规格的科技面板覆盖，如图 4-41 所示。

图 4-41 乐高科技套装 42056

本案例中科技面板的运用有其独到之处。既有作为外表面装饰之用的面板，也有比较少见的双功能面板。例如，绵羊模型的四条腿，都是采用一块 3×7 和 5×7 面板拼装而成，这里使用的两种面板既起到装饰作用，同时还起到支撑作用，如图 4-42 所示。

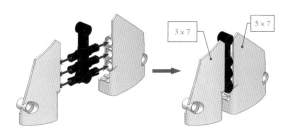

图 4-42 绵羊左后（右前）腿的搭建

2. 零件表

乐高机器绵羊使用零件 48 种 219 个，零件表如图 4-43 所示。

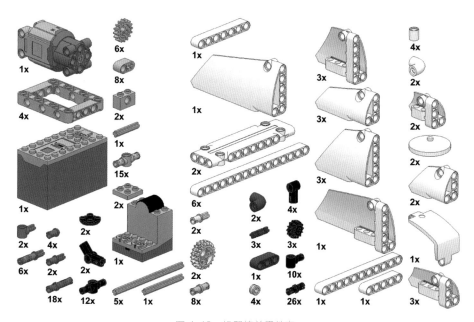

图 4-43 机器绵羊零件表

3. 组装及成品图

组装及成品图见图 4-44。

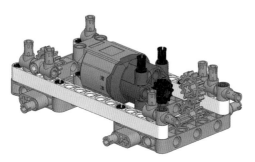

马达安装完成

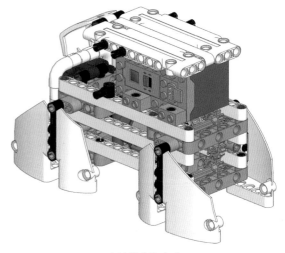

电池箱安装完成

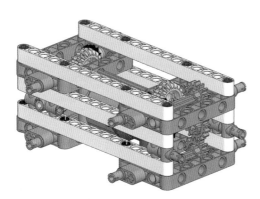

中心框架和传动系统

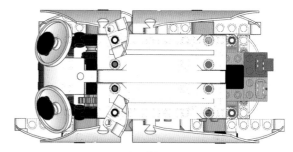

成品俯视图

图 4-44　机器绵羊组装及成品图（续）

4. 搭建步骤图

搭建乐高机器绵羊共 65 步，如图 4-45 所示。

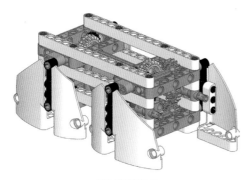

四足安装完成

图 4-44　机器绵羊组装及成品图

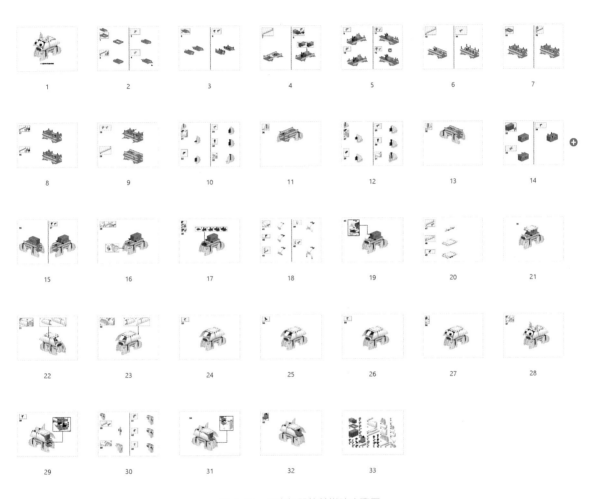

图 4-45 乐高机器绵羊搭建步骤图

手机扫码观看机器绵羊搭建视频指导。

4.4 马车

4.4.1 概述

乐高马车是一款仿生类的活动雕塑作品，模仿的是一匹白色的马拉着一辆二轮小车前进的动作。这个作品无论静态还是动态都非常生动形象，乐高马车成品如图 4-46 所示。

图 4-46　乐高马车

马车按照功能模块可分为两大部分——白马和二轮小车。

能量单元和动力单元都被安装在二轮小车上，通过轴传动将动力传输给白马，白马在一套曲柄连杆驱动下实现四足行走。

马车的能量单元采用 7 号电池箱，动力单元采用中马达。

作品概况：

零件数量：289

长度：52 单位

宽度：20 单位

高度：23 单位

动力单元：PF 中马达

能量单元：7 号电池箱

驱动方式：电动

4.4.2 动态效果

打开能量单元上的电源开关，白马将以对角线步态的四足运动向前行走，同时拉动后面的两轮小车，如图 4-47 所示。

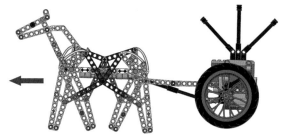

图 4-47　马车前进方向

手机扫码观看乐高马车视频演示。

4.4.3 结构解析

1. 白马结构解析

白马身体部分模型由 174 个零件组成，

包括头部、躯干、传动系统、四肢等部件，如图 4-48 所示。

图 4-48 白马身体模型

白马的传动系统包括传动轴、万向节、涡轮蜗杆、曲柄等零部件。传动系统原理如图 4-49 所示。

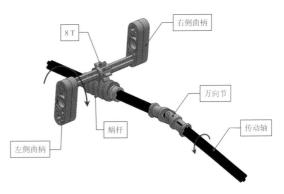

图 4-49 白马传动原理图

传动轴的动力来源于安装在两轮车上的马达，通过万向节改变传动角度。涡轮采用8T 齿轮，最终将动力传递给两侧的曲柄。由于马车只能向前行进，所以传动系统的转动方向是唯一的，来自马达的转动方向是逆时针转动，左侧曲柄必须是顺时针转动。

由于马达的动力输出轴与蜗杆的传动轴平行但不共线，所以这个传动系统中使用了两个万向节。在保证动力传输的同时，还可以有一定的自由度，如图 4-50 所示。

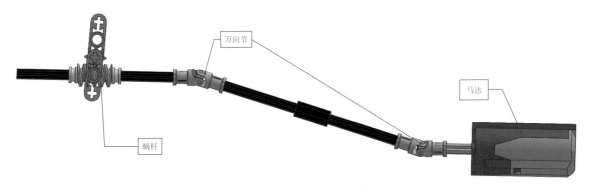

图 4-50 传动系统中的万向节

白马的四条腿是四套曲柄连杆机构，其原理与 3.5 节的海滩怪兽的腿部类似，都属于 Jansen 连杆机构，只是连杆之间的比例有所不同。二者对比如图 4-51 所示。

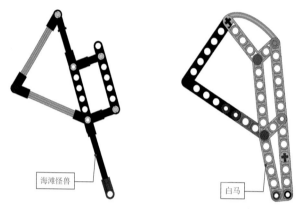

图 4-51　海滩怪兽和白马的腿部连杆对比

白马同侧的两条腿由一个 3 单位曲柄驱动，在四种极限状态（6、9、12 和 3 点钟方向）之间循环运动。如图 4-52 所示为左侧两条腿的四个极限状态。

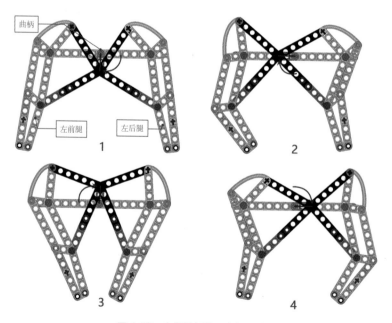

图 4-52　左侧腿部的四个极限位置

四种连续状态之间的变化规律如下。

（1）状态1，曲柄位于正下方最低（6点钟方向）位置，此时两条腿处于最大张开状态。

（2）状态1到状态2，曲柄顺时针转动到最左侧（9点钟方向）。这个过程中，左前腿触地并向后蹬踏，左后腿向前摆动，白马向左行进。

（3）状态2到状态3，曲柄顺时针转动到最上方（12点钟方向）。这个过程中，左前腿继续向后蹬踏，左后腿继续向前摆动，白马继续向左行进。到达状态3的时候，两腿之间的距离为最近，并且同时触地。

（4）状态3到状态4，曲柄顺时针转动到最右侧（3点钟方向）。这个过程中，左后腿触地并向后蹬踏，左前腿腾空向前摆动，白马继续向左行进。

（5）状态4到状态1，曲柄顺时针转动到6点钟位置。这个过程中，左后腿蹬地，左前腿腾空向前摆动，白马向左行进。

右侧两条腿的运动规律与左侧腿恰好相反——左前腿与右后腿的运动规律一致，左后腿与右前腿的运动规律一致，两侧的腿同时运动即可形成对角线步态的四足行走。

2. 二轮小车

二轮小车由车架、车轮、顶棚、棘轮机构、电池箱和马达等零件构成，如图4-53所示。

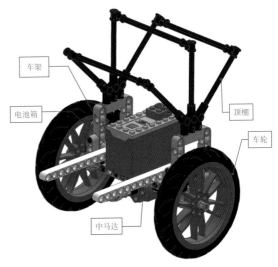

图4-53 二轮小车

顶棚部分采用4个4号角块（135°角）、两个2号角块和9根轴组成，如图4-54所示。

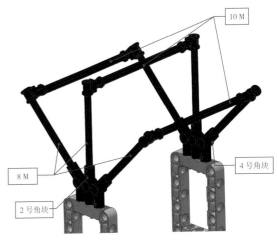

图4-54 顶棚

车轮采用了两个摩托车轮胎，轮毂编号为88517，轮胎编号为88516。

车架采用 H 型梁、方框梁、直梁和角梁等零件，如图 4-55 所示。

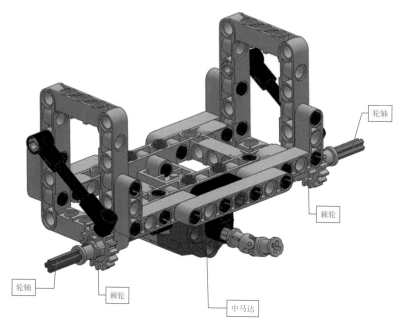

图 4-55　车架

为了节省空间和美观，此处将中马达安装到车架底部。两个轮轴上都安装了棘轮机构，目的是防止小车倒溜。

4.4.4　搭建指南

1. 零件指南——乐高摩托轮胎

乐高中的轮胎有 40 多种，其中比较常见的摩托车轮毂有两种，与之配套的胎皮有三种，如图 4-56 所示。

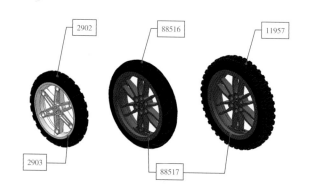

图 4-56　两种摩托车轮毂和三种胎皮

2903 轮毂的直径为 61.6mm，通常为白色，与之配套的胎皮为 2092，直径为 81.6mm。88517 轮毂的直径为 75mm，通常为深灰色，与之配套的胎皮有两种规格，一种为编号 88516 的公路赛胎皮，直径为 94.2mm；另一种为越野胎皮，编号 11957，直径为 100.6mm。

2. 零件表

乐高马车共使用零件 68 种 289 个，零件表如图 4-57 所示。

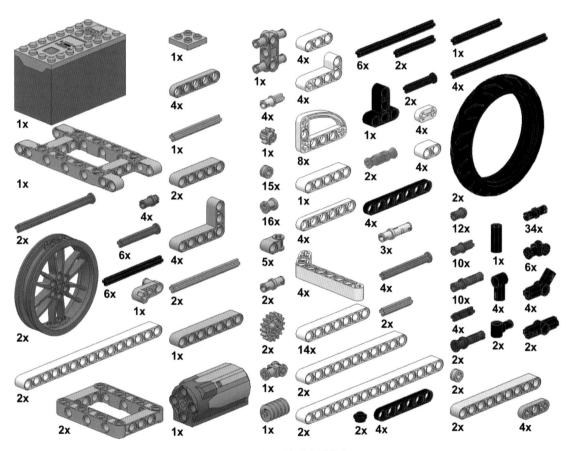

图 4-57 乐高马车零件表

3. 组装及成品图

组装及成品图见图 4-58。

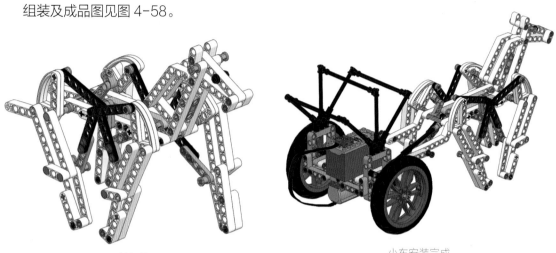

马的躯体   小车安装完成

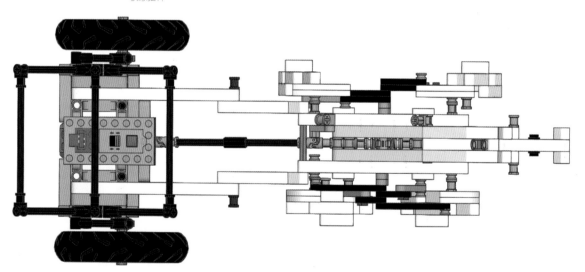

成品俯视图

图 4-58　乐高马车组装及成品图

4. 搭建步骤图

搭建乐高马车共 97 步，如图 4-59 所示。

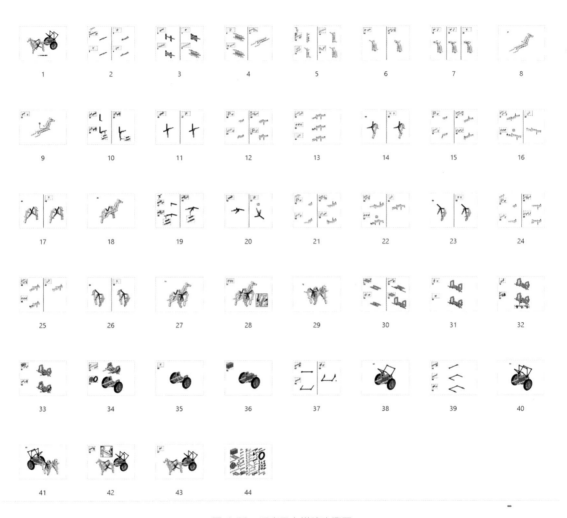

图 4-59 乐高马车搭建步骤图

手机扫码观看乐高马车搭建视频指导。

第5章

活动雕塑

本章要点:

- 变换的线条
- 辛苦工作的人
- 炫酷半球
- 三层环
- 风吹麦浪

"活动雕塑"(Kinetic Sculpture)是乐高MOC众多分类中一个非常引人入胜的品种。不同于一般的静态作品,活动雕塑的最主要特点是"可静可动"。

活动雕塑内部安装有各种机械结构和马达、电池箱等。静态状态下,活动雕塑是一款可供欣赏的精美艺术品。如果驱动其内部的机械结构(手动或电动),静态的雕塑就会活动起来,成为一件令人惊叹的动态作品。

圈内的很多乐高大神都有精彩的活动雕塑作品推出。比较著名的有加拿大的Janson,他的活动雕塑作品以华丽、复杂著称,他的西西弗斯和阿波罗战车等作品无不令人称赞!图5-1为阿波罗战车,图5-2为西西弗斯,图5-3为西西弗斯内部的机械结构。

图 5-1　阿波罗战车

图 5-2　西西弗斯

图 5-3　西西弗斯内部机械结构

本章将为读者详细讲解几个有趣的活动雕塑作品。

5.1 变换的线条

5.1.1 概述

这个作品的主体是 11 个互相啮合在一起的齿轮，其中 40T 齿轮 8 个，24T 齿轮 3 个。每个齿轮的侧面都安装了一个红色轴套，一根彩色的长橡筋盘绕在轴套上，形成一个不规则的 11 边形，如图 5-4 所示。

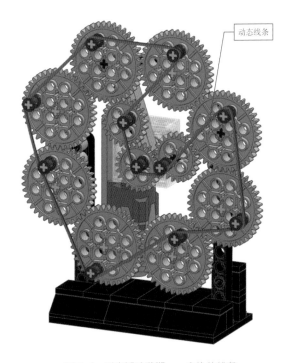

图 5-4 乐高活动雕塑——变换的线条

这个作品由底座、齿轮支架、齿轮和涡轮箱等部分构成，如图 5-5 所示。

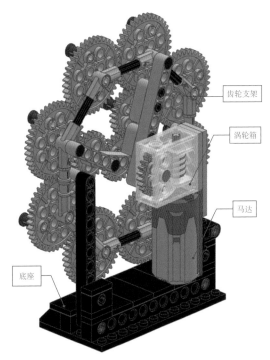

图 5-5 乐高活动雕塑——变换的线条（背面）

这个作品的动力单元采用中马达，能量单元可采用 5 号或 7 号电池箱。

作品概况：

零件数量：110

长度：7 单位

宽度：17 单位

高度：20 单位

动力单元：PF 中马达

能量单元：7 号 /5 号电池箱

驱动方式：电动

5.1.2 动态效果

连接上电池箱并打开电源，这个作品开始运转，随着齿轮的转动，侧面的轴套也开始做围绕齿轮轴心的圆周运动，蓝色的橡筋随之不停地变换形态。如图 5-6 所示为蓝色橡筋的几种状态。

图 5-6　变换的线条

如果将电池箱的电源开关拨动到相反方向，整个齿轮系统将会反向转动，变换的线条又将呈现出另一种变换状态。

手机扫码观看变换的线条视频演示。

5.1.3 结构解析

1. 底座

底座部分由 26 个零件组成，包括 6×12 底板、2×4 斜坡砖、1×12 科技砖、11 孔梁和光面砖等零件，如图 5-7 所示。

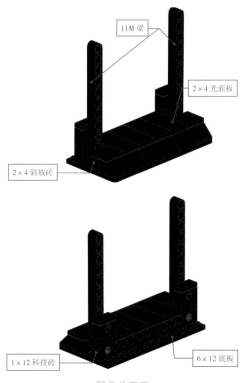

图 5-7 底座

2. 齿轮支架

底座上安装了一个正八边形的齿轮支架。这个支架采用 8 个 4 号角块和 4 号轴搭建，与底座上的 11 孔梁连接的是两个轴销连接件（编号 32291，昵称：米奇），如图 5-8 所示。

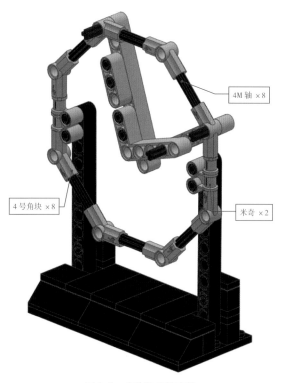

图 5-8 底座和齿轮支架

3. 动力系统

这个作品的动力系统为中马达驱动涡轮箱，传动比为 24 倍。涡轮箱的动力通过轴传递给中央的 24T 齿轮，这个齿轮也成为主动齿轮，如图 5-9 所示。

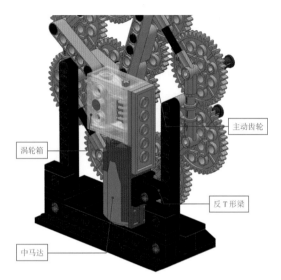

涡轮箱

反 T 形梁

中马达

图 5-9　动力系统

中马达与 11 孔梁的连接元件为两个反向 T 形梁（编号 32529）。

5.1.4　搭建指南

1. 零件指南——乐高中的 T 形梁

在 LDD 软件的零件搜索框中输入 T - BEAM（T 形梁），得到的搜索结果如图 5-10 所示。

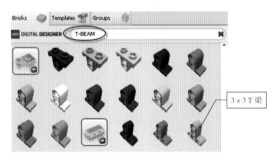

3 × 3 T 梁

图 5-10　T 形梁搜索结果

图 5-10 中包括了三种 T 形梁，一种是属于"梁"分类中的 3 × 3 T 形梁；另外两种属于"带夹口板"分类中的 1 × 2 T 形梁。

两种 1 × 2 T 形梁的区别为，一种是正向的（编号 32530），适合安装在砖、板类零件带有凸点的一侧；另一种是反向的（编号 32529），适合安装在砖、板类零件的反面，如图 5-11 所示。

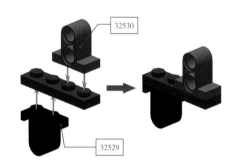

32530

32529

图 5-11　两种 1 × 2 T 形梁

两种 1 × 2 T 形梁的主要功能是，将有凸点零件(主要是各种砖和板)和无凸点零件(主要是各种形状的梁)过渡连接起来，如图 5-12 所示。

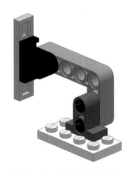

图 5-12　T 形梁的应用

2. 科技砖的纵向连接

科技砖是乐高科技类零件中出现最早的零件，早年的乐高科技套装中，科技砖是最主要的结构件。如图 5-13 所示为各种规格的科技砖。随着时代的进步，科技砖已经逐渐被更加美观、易用的梁所代替。

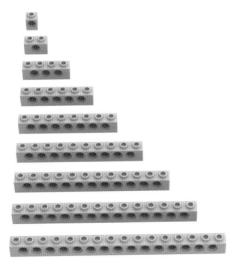

图 5-13　各种规格的科技砖

以 1×2 规格的科技砖为例，其基本外形尺寸如图 5-14 所示。

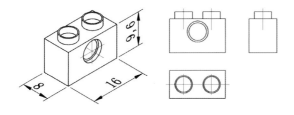

图 5-14　科技砖基本外形尺寸图

科技砖的横向孔间距直梁无异，都是一个单位。所以其搭建方式也和直梁几乎一致，如图 5-15 所示。

图 5-15　科技砖和梁的横向连接

科技砖在纵向上的搭建情况比较特殊，由于科技砖的高度是 1.2 个乐高单位，所以当两块科技砖纵向搭建的时候，两个销孔之间的纵向中心距是 1.2 个乐高单位，如图 5-16 所示。

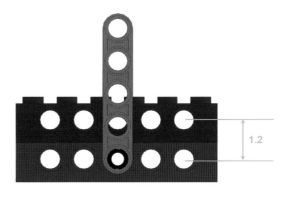

图 5-16　科技砖的纵向中心距

如果要使纵向的销孔出现整数单位的中心距，就必须使用薄板做高度调整。最简单的一种做法是，在两块科技砖之间加上两层薄板。由于薄板的厚度是 0.4 个乐高单位，两层薄板就是 0.8 个单位，再加上 1.2 个单位，恰好是 2 个乐高单位，如图 5-17 所示。

科技砖常用的纵向组合如图 5-18 所示。

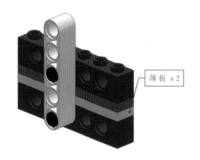

图 5-17　用薄板调整中心距

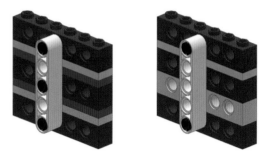

图 5-18　科技砖的常见组合方式

3. 零件表

变换的线条共使用乐高零件 33 种 110 个，零件表如图 5-19 所示。

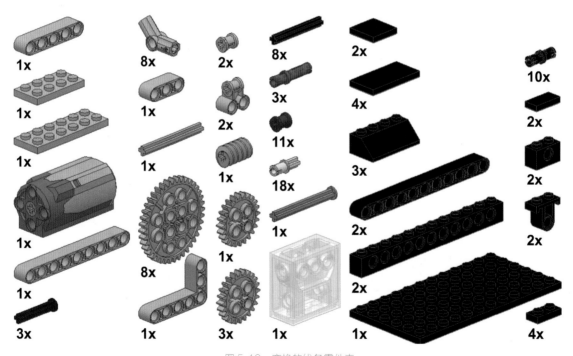

图 5-19　变换的线条零件表

4. 组装及成品图

组装及成品图见图 5-20。

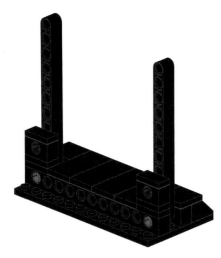

底座

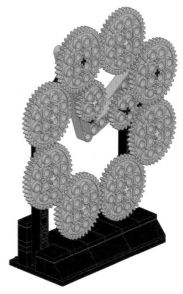

齿轮安装完成

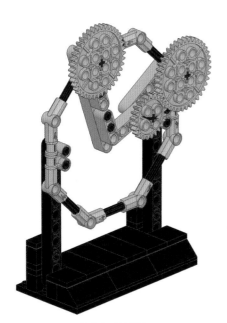

底座和齿轮框架

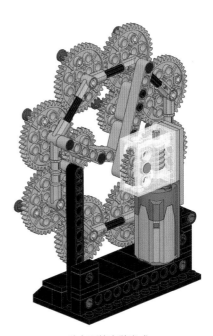

动力系统安装完成

图 5-20　变换的线条组装图

5. 搭建步骤图

变换的线条搭建步骤图共 35 步，如图 5-21 所示。

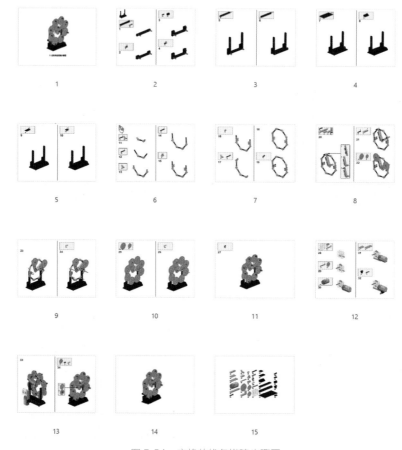

图 5-21　变换的线条搭建步骤图

手机扫码观看变换的线条搭建视频指导。

5.2　辛苦工作的人

5.2.1　概述

辛苦工作的人是一款人形活动雕塑作品，其外形是一个人形机器人用力俯身推动重物，辛苦工作的状态。

辛苦工作的人模型可分为人形、L形底座、齿轮传动机构、连杆机构和动力系统等几个部分，如图5-22所示。

辛苦工作的人使用了多种连杆机构，模拟人的动态效果。

动力单元采用了涡轮箱和中马达的组合。

作品概况：

零件数量：183

长度：19单位

宽度：10单位

高度：31单位

动力单元：PF中马达

能量单元：7号/5号电池箱

驱动方式：电动

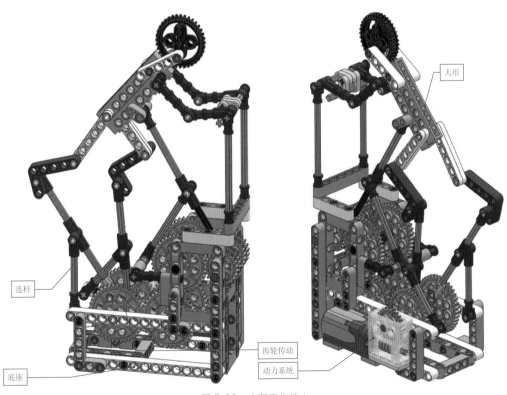

连杆

底座

人形

齿轮传动

动力系统

图5-22　辛苦工作的人

5.2.2　动态效果

连接上电池箱，打开电源按钮，活动雕塑开始工作。人形机器人的双腿和身体在连杆机构的驱动下开始运动。两条腿和腰部的运动轨迹类似一个半椭圆的轮廓，如图 5-23 所示。

手机扫码观看辛苦工作的人视频演示。

5.2.3　结构解析

1. 底座

这个作品的底座为整个模型和齿轮传动系统提供支撑，是一个类似大写英文字母 L 的框架结构，由方框梁、直梁和角梁等构成，如图 5-24 所示。

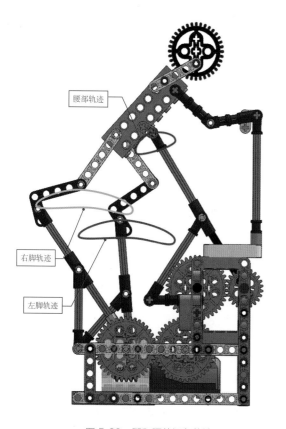

图 5-23　腿和腰的运行轨迹

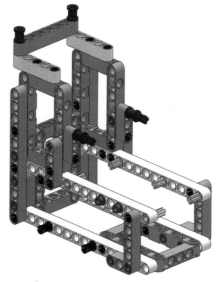

图 5-24　底座框架

在三组连杆机构的驱动下，人形机器人将做出用力推动重物的动作，非常生动。

2. 齿轮传动系统

这个作品的齿轮传动系统如图 5-25 所

示，共使用了 6 个 40T 齿轮和 4 个 24T 齿轮。底部外侧的两个 40T 齿轮和 4 个 24T 齿轮具有双重功能，它既是传动元件，又利用侧面的销孔作为曲柄使用。

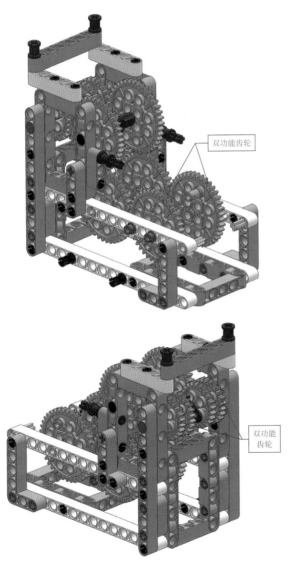

图 5-25 齿轮传动系统

3. 动力系统

这个作品的动力系统由中马达和涡轮箱构成，传动比为 24。涡轮箱输出的动力传递给底部外侧的 40T 齿轮，这个齿轮称为齿轮系统中的主动齿轮，如图 5-26 所示。

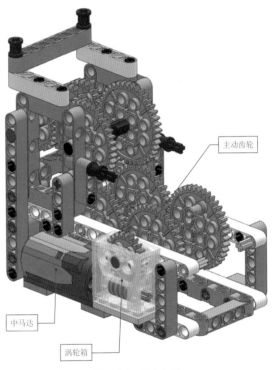

图 5-26 动力系统

这个案例的传动原理如图 5-27 所示，马达输出的转动通过传动系统传递给每一个齿轮。

图 5-27 传动原理图

4. 侯肯连杆机构

本案例中，驱动机器人腿部和腰部用的是一种被称为侯肯连杆的连杆机构。侯肯连杆（英文 Hoeken's Linkage）由曲柄、连杆和摆臂等零件构成。曲柄为主动元件，做 360°连续转动，如图 5-28 所示。

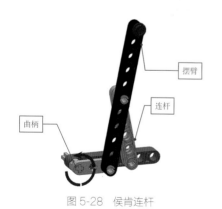

图 5-28 侯肯连杆

侯肯连杆摆臂顶端的运行轨迹是一个半椭圆形，其底部近乎一条完美的直线，如

图 5-29 所示。因为这个特性，侯肯连杆非常适合做多足机器人的腿部连杆机构，机器人行走起来会很平稳。

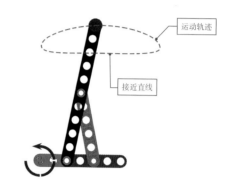

图 5-29 侯肯连杆的运动轨迹

除了本案例中采用的侯肯连杆，乐高中可以实现的连杆机构还有多种，图 5-30 列举了一些常用连杆机构的原理图和乐高搭建方案。

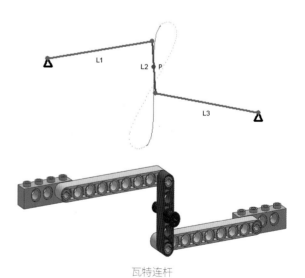

瓦特连杆

图 5-30 各种常用连杆

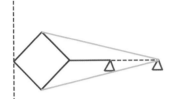

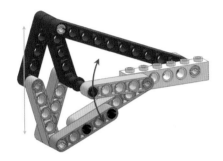

波塞利连杆

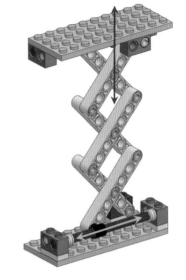

剪式连杆

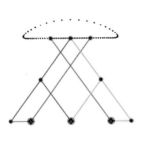

切比雪夫连杆

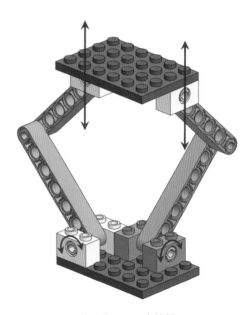

萨吕（Sarrus）连杆

图 5-30　各种常用连杆（续）

5.2.4 搭建指南

1. 本案例中的零件替换

本案例的连杆搭建方案中，多处用到了两个零件——1号角块32013和交叉轴连接器32039。这两个零件在很多情况下是可以互换使用的，而且从成本考虑，1号角块的价格是总体低于交叉轴的。

图5-31展示的是三种不同的零件使用方案，左侧的是原方案，中间的全部采用交叉轴，右侧的全部采用1号角块。

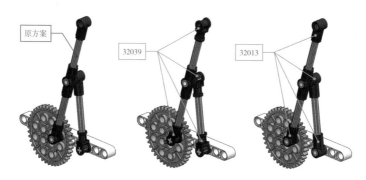

图 5-31　连杆零件替换方案

2. 零件表

辛苦工作的人共使用零件46种183个，如图5-32所示。

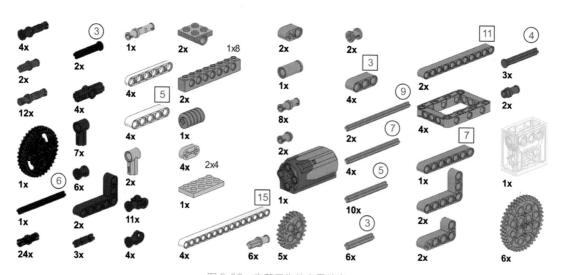

图 5-32　辛苦工作的人零件表

3. 组装及成品图

组装及成品图见图 5-33。

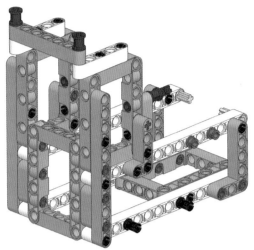

底座完成

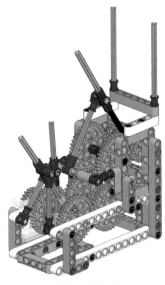

连杆安装完成

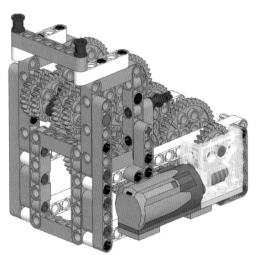

齿轮及传动系统

成品右前方

图 5-33 辛苦工作的人组装及成品图

4. 搭建步骤图

搭建步骤图共计 40 个，如图 5-34 所示。

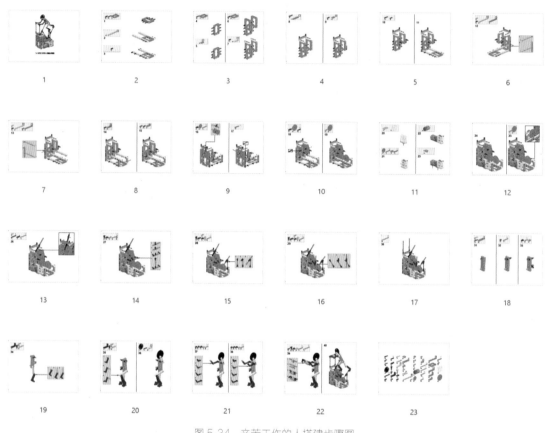

图 5-34　辛苦工作的人搭建步骤图

手机扫码观看辛苦工作的人搭建视频指导。

5.3 炫酷半球

5.3.1 概述

乐高炫酷半球由主框架、半球、十字支架、动力系统和传动系统等部件组成。两个由角块搭建而成的半球与十字支架相连接，在两个半球之间，还有两个可以转动的三角形小花瓣。十字支架与主框架连接，主框架侧面安装有动力系统和传动系统。

乐高炫酷半球静态成品，如图 5-35所示。

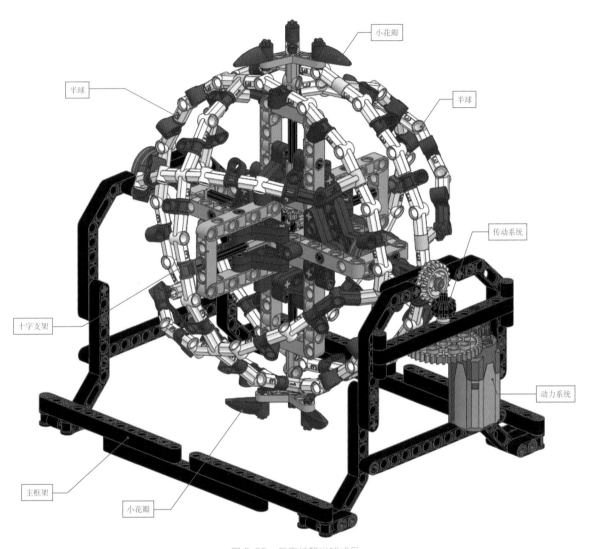

小花瓣

半球

半球

传动系统

十字支架

动力系统

主框架

小花瓣

图 5-35　乐高炫酷半球成品

这个作品的动力单元是中马达，能量单元可采用 7 号或 5 号电池箱。

作品概况：

零件数量：413

长度：30 单位

宽度：21 单位

高度：28 单位

动力单元：PF 中马达

能量单元：7 号 / 5 号电池箱

驱动方式：电动

5.3.2 动态效果

连接电池箱，打开电源开关，炫酷半球开始运行，十字支架绕着水平方向的轴开始转动。与此同时，两个半球随着十字支架一起转动，同时自身还随着中心轴转动。两个半球的转动方向是相反的。两个半球中间的小花瓣也同时逆向转动。形成眼花缭乱的动态效果，如图 5-36 所示。

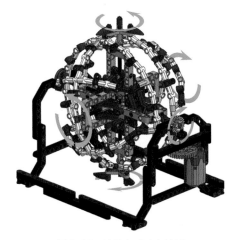

图 5-36　炫酷半球动态效果

手机扫码观看炫酷半球视频演示。

5.3.3 结构解析

1. 主框架

炫酷半球的主框架由 70 个零件搭建而成，主要使用了大弯梁和各种规格的直梁、交叉块等零件组成，如图 5-37 所示。

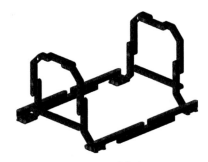

图 5-37　主框架

2. 十字支架

十字支架是这个作品的核心部件，为两个半球和花瓣提供动力和支撑，其主体形状是一个空间的六向十字架，相邻两条边之间都呈现直角。十字支架主要由方框梁和三角梁等零件组成，如图 5-38 所示。

图 5-38　十字支架

十字支架内部安装了齿轮传动系统，六个方向都有轴向外伸出，但是六个轴的功能却各不相同，如图 5-39 所示。

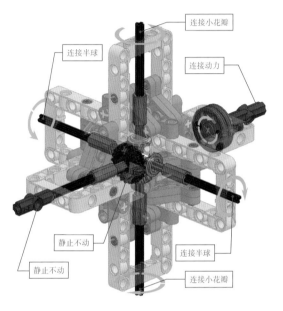

图 5-39 十字支架中的轴和齿轮系统

图 5-39 中的六个轴的功能详解如下。

- 12 点钟和 6 点钟方向的两个轴连接两个小花瓣，这两个轴同步反向转动；
- 10 点钟和 4 点钟方向的两个轴连接两个半球，两个半球同步反向转动；
- 2 点钟方向的轴为动力输入轴，一端与十字支架固定在一起，另一端连接传动系统传递过来的动力，带动整个框架转动；
- 8 点钟方向的轴与主框架连接，并与主框架之间保持静止不动。

也就是说，与 8 点钟方向这根轴相连的 20T 双面齿轮相对于十字支架是静止不动的。这个齿轮同与其啮合的四个 12T 锥齿轮形成一套行星齿轮系统。12T 双面齿轮为太阳轮，4 个 12T 锥齿轮为行星轮。在十字支架的驱动下，行星轮围绕太阳轮转动，将动力传递给与它们连接的四根轴，如图 5-40 所示。

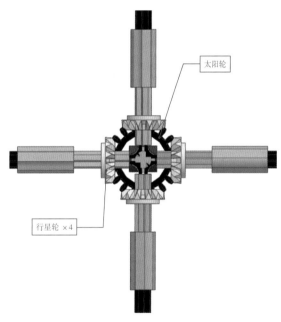

图 5-40 行星齿轮系统

3. 半球

半球模型共使用零件 98 个，采用 3 号角块、3 号轴和 2 孔交叉块等零件构建。半球的直径为 22 单位，如图 5-41 所示。

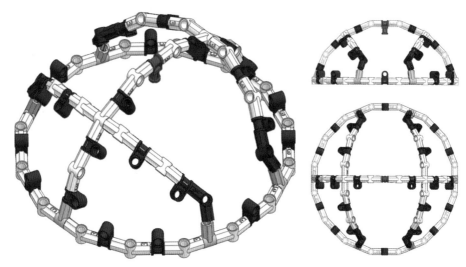

图 5-41　半球模型

4. 动力和传动系统

炫酷半球的动力和传输系统，包括中马达、8T、40T、12T 和 20T 齿轮等零件。最终通过 20T 双面齿轮将动力传递给十字支架（图 5-37 中 2 点钟方向的轴），如图 5-42 所示。

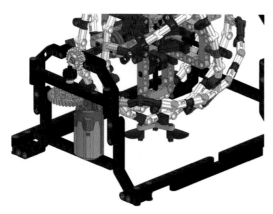

图 5-42　动力和传动系统

这套动力系统的传动比为 8.33[40×20 /（12×8）]，马达的转速降低了 8.33 倍，同时扭矩提高 8.33 倍。

5.3.4　搭建指南

1. 锁止轴的搭建方案

这个作品的两处出现了锁止轴设计，要求在梁上将轴的转动锁止。比较理想的方案是，某个零件上有三个直线排列的孔，中间一个必须是十字轴孔。

在乐高零件中，符合这个条件的零件并不多。本例中采用的方案是两片薄轮毂（编号 4185），利用薄轮毂中心的十字孔固定轴，两侧的销孔安装销与梁固定，如图 5-43 所示。

图5-43 薄轮毂锁止轴搭建方案

图5-44 凸轮锁止轴搭建方案

还可以用两片叠加在一起的凸轮达到同样的效果。凸轮侧面的四个十字孔中，有三个十字孔符合要求。与上面的方案不同的是，与梁固定的零件采用蓝色轴销，如图5-44所示。

2. 零件表

炫酷半球共使用零件36种413个，其中3号角块、3号轴等零件消耗量较大，零件表如图5-45所示。

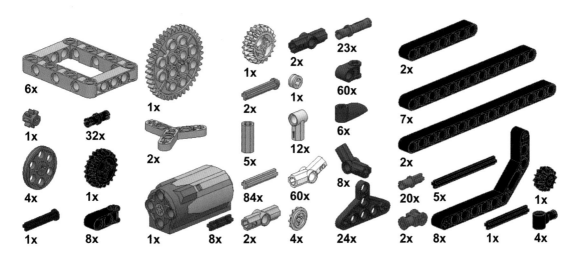

图5-45 炫酷半球零件表

3. 组装及成品图

组装及成品图见图 5-46。

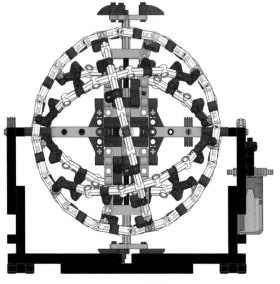

成品正视图

图 5-46 炫酷半球组装和成品图（续）

中心支架

4. 搭建步骤图

炫酷半球搭建步骤图共 71 步，如图 5-47 所示。

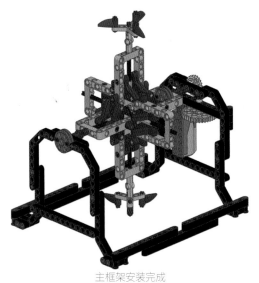

主框架安装完成

图 5-46 炫酷半球组装和成品图

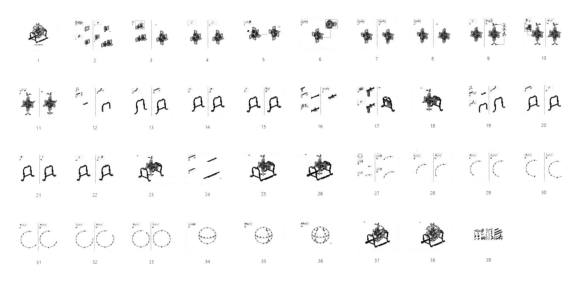

图 5-47 炫酷半球搭建步骤图

手机扫码观看炫酷半球搭建视频指导。

5.4 三层环

5.4.1 概述

　　乐高三层环模型的主体是三个同心的圆环（内环、中环和外环），包括底座、支架、动力系统、传动系统等部件。

　　三个圆环中，外环的直径为 31 个单位，中环直径为 21 个单位，内环直径为 13 个单位，如图 5-48 所示。

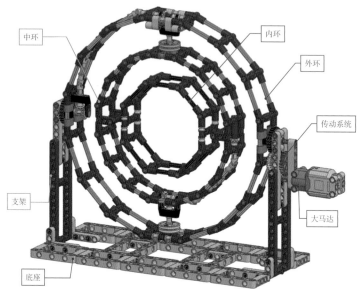

图 5-48　乐高三层环成品

三层环的动力单元采用 PF 大马达，能量单元推荐使用可调速锂电池箱，这样可以方便地调节三个环的转速。

作品概况：

零件数量：497

长度：38 单位

宽度：19 单位

高度：34 单位

动力单元：PF 大马达

能量单元：7 号 / 5 号电池箱

驱动方式：电动

5.4.2　动态效果

连接马达的电源线，打开电源开关，三层环模型开始运转，其转动形式如图 5-49

所示。

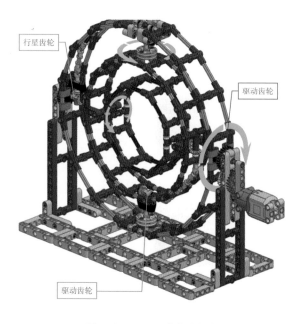

图 5-49　三层环的转动方向

马达的动力通过传动系统传输给靠近马达一侧的小转盘，带动外环沿水平轴向转动。

外环另一端的轴承上安装了一个行星齿轮结构，通过一套万向节和轴传动系统将动力传递到中环的顶部。中环随同外环转动的同时，在其顶部的动力轴驱动下转动。

中环的底部也安装了一个行星齿轮结构，在中环转动的同时，通过万向节和轴传动，将动力传递到内环右侧的轴承上，内环在跟随中环转动的同时，也在其右侧轴承的驱动下转动。

三层环运转时的几个状态如图 5-50 所示。

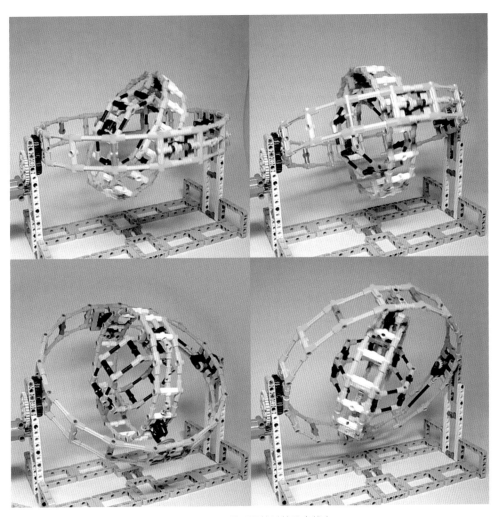

图 5-50　三层环运转时的几个状态

手机扫码观看三层环视频演示。

5.4.3　行星齿轮机构解析

　　这个作品的关键机构是外环上的行星齿轮机构，这个机构由变速箱、12T 锥齿轮等零件构成。安装在水平轴上的 12T 齿轮与外框上的零件配合，固定不动，为太阳轮。变速箱外壳随着外环转动，与万向节相连接的 12T 齿轮为行星轮，围绕太阳轮转动，如图 5-51 所示。

图 5-51 中的 12T 行星齿轮将动力传递给万向节和轴传动系统，最终将动力传递到外环顶部的变速箱，驱动中环转动，如图 5-52 所示。

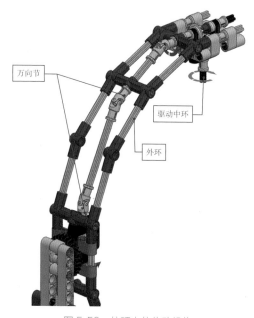

图 5-52　外环上的传动机构

　　在外环的底部，中环的另一个轴承也是行星齿轮机构，通过一套万向节和轴传动系统驱动内环，如图 5-53 所示。

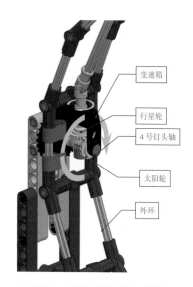

图 5-51　外环上的行星齿轮机构

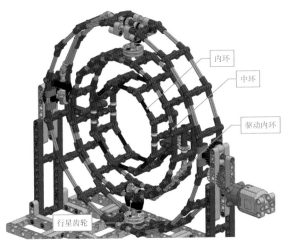

图 5-53 中环上的行星齿轮

5.4.4 搭建指南

1. 太阳轮的安装方法

外环行星齿轮机构中，用于固定太阳轮（12T 锥齿轮）的 4 号钉头轴安装方法如下。

（1）该轴穿过变速箱后与一个交叉轴连接器装配在一起；

（2）横向安装一个 3 号轴，与两侧的两个 9 孔梁组装在一起。

这样既可将 4 号钉头轴的转动锁止，从而锁止安装在其上的 12T 锥齿轮，如图 5-54 所示。

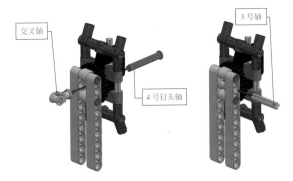

图 5-54 固定齿轮安装方法

上面这个方案中的交叉轴和 3 号轴，也可以采用 1 号角块 +3M 摩擦销替代，安装方法如图 5-55 所示。

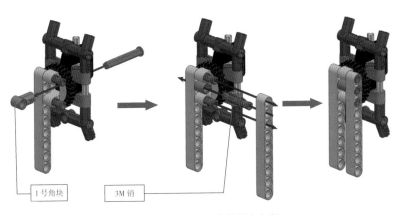

图 5-55 采用 1 号角块固定方案

2. 零件表

三层环模型共使用零件 46 种 497 个，零件表如图 5-56 所示。

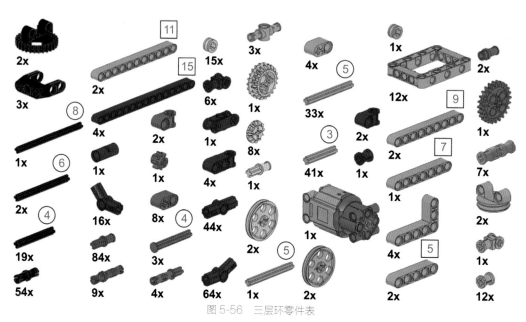

图 5-56　三层环零件表

3. 组装及成品图

组装及成品图见图 5-57。

底座和支架

图 5-57　三层环组装及成品正视图

外环下半部分和中环＋内环

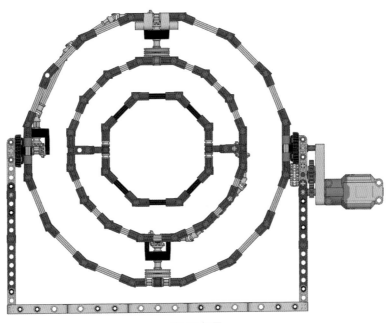

成品正视图

图 5-57 三层环组装及成品正视图（续）

4. 搭建步骤图

三层环搭建步骤图共 80 步，如图 5-58 所示。

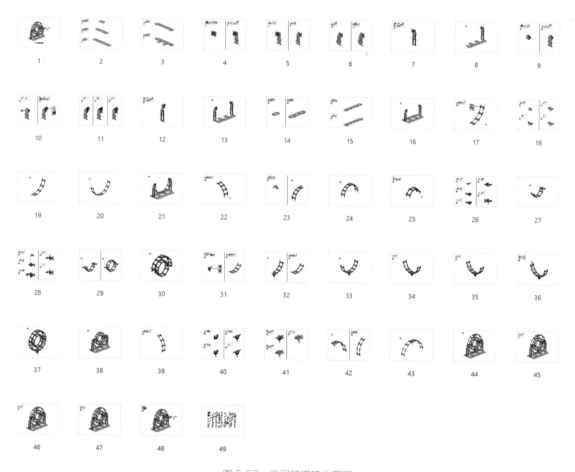

图 5-58　三层环搭建步骤图

手机扫码观看三层环搭建视频指导。

5.5 风吹麦浪

5.5.1 概述

乐高活动雕塑风吹麦浪的静态外形是 11 组手指形状的连杆机构指向天空，每组指状连杆之间均匀有序地错开一定的角度，11 组连杆的顶端形成一个波浪线，如图 5-59 所示。

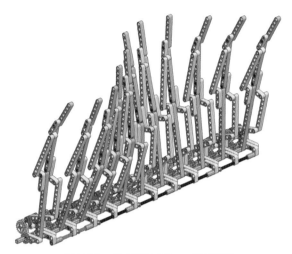

图 5-59 乐高活动雕塑——风吹麦浪

指状连杆的顶端呈现一条波浪形曲线，如图 5-60 所示。

图 5-60 波浪形曲线

作品概况：

零件数量：533

长度：72 单位

宽度：11 单位

高度：34 单位

动力单元：PF 马达

能量单元：7 号 / 5 号电池箱

驱动方式：电动

5.5.2 动态效果

在模型的动力输入端口连接马达，接着连接电池箱，打开电源后，模型开始运行，如图5-61所示。

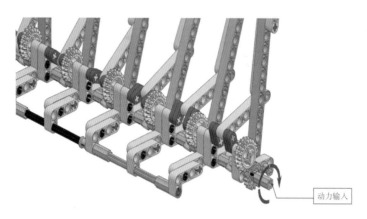

动力输入

图 5-61　动力输入接口

每根指状连杆的动作是，在左右两个极限位置之间做往复摆动，由于每个连杆之间有一定的相位差，所有连杆同时摆动起来就如同风吹麦浪一般，图5-62所示为部分动态效果截图。

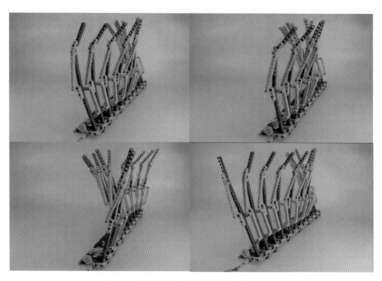

图 5-62　几种动态效果

手机扫码观看风吹麦浪视频演示。

5.5.3 指状连杆机构详解

1. 整体的变化规律

每个指状连杆机构由 44 个零件构成，包括各种规格的直梁和 2×4、3×5 角梁等零件组成。图 5-63 展示了曲柄按顺时针方向转动，在四个相隔 90° 角的相位上连杆机构的状态。

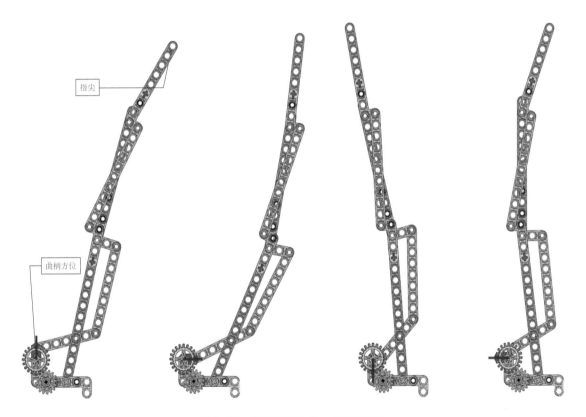

图 5-63 曲柄在四个相位上的连杆状况

曲柄在四个状态之间的变化规律如下。

（1）状态 A 到状态 B，连杆整体向右摆动约 10°，指尖向左略微摆动。

（2）状态 B 到状态 C，连杆整体向左摆动约 30°，指尖位置基本保持不变。

（3）状态 C 到状态 D，连杆整体基本保持不动，指尖明显向右侧摆动。

（4）状态 D 到状态 A，连杆整体向右侧摆动约 20°，指尖基本保持不动。

2. 连杆各部件的运动规律

以状态 A 变化到状态 B 为例，如果从20T 双面齿轮输入一个顺时针转动的动力，连杆上各部件的运动状态如图 5-64 所示。

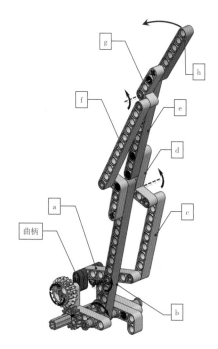

图 5-64　指状连杆各部件转动方向示意图

指状连杆机构各部件运动规律详细分解如下。

（1）20T 双面齿轮顺时针转动，带动与其同轴的曲柄同方向转动。

（2）曲柄带动零件 a（7M 梁）和与其铰接在一起的零件 b（15M 梁）一同运动，a 和 b 零件做小幅度顺时针摆动，摆动角度约 10°。

（3）a 零件的一端带动零件 c（9M 梁），向上推动零件 d（3×5 角梁），d 零件只能绕其固定轴做逆时针摆动。

（4）零件 d 带动固定在其上的零件 e（11M 梁）做逆时针摆动。

（5）与零件 e 铰接的零件 g（2×4 角梁）受到零件 f（11M 梁）的牵拉，做逆时针摆动。

（6）零件 g 带动固定在其上的零件 h（7M 梁）做逆时针摆动。

这套指状连杆机构从 20T 双面齿轮逆时针动力输入，经过连杆机构的运行，最终的结果是连杆机构整体沿顺时针摆动约 10°，指尖做小幅度逆时针摆动。

5.5.4　搭建指南

1. 连杆的角度偏移

为了形成 11 组连杆的波浪形效果，在装配的时候，相邻两组连杆需要按规律错开一定的角度。

错开装配的方法是，相邻两组连杆的 16T 和 20T 齿轮之间错开若干个齿，经过测试，错开三个齿时的效果比较好，这样相邻两组连杆错开的角度为 54°，如图 5-65 所示。

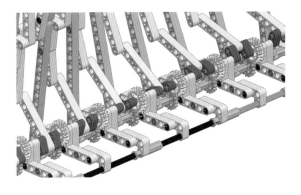

图 5-65　相邻连杆的错开角度

2. 零件替换方案

原方案中的曲柄采用两片 2 孔薄壁梁和 3 号轴搭建。如果这个零件数量不够，也可采用两个两孔交叉块（编号 60483）和 3M 位光滑销替代，如图 5-66 所示。

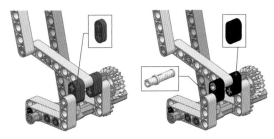

图 5-66　零件替换方案

3. 零件表

风吹麦浪共使用零件 29 种 533 个，零件表如图 5-67 所示。

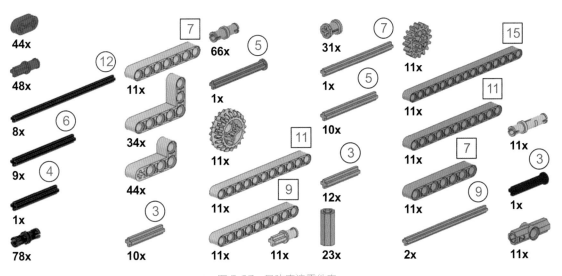

图 5-67　风吹麦浪零件表

4. 组装及成品图

组装及成品图见图 5-68。

指状连杆机构

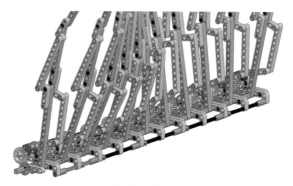

安装加固连接件

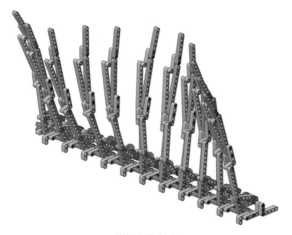

连杆安装完成

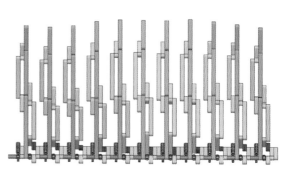

成品正视图

图 5-68　风吹麦浪组装和成品图

5. 搭建步骤图

风吹麦浪搭建步骤图共 50 步，如图 5-69 所示。

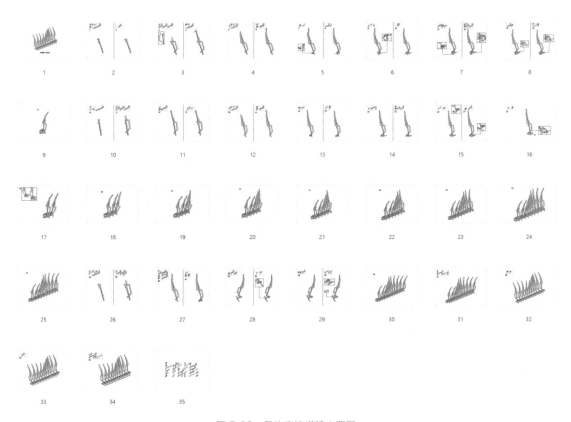

图 5-69 风吹麦浪搭建步骤图

手机扫码观看风吹麦浪搭建视频指导。

第6章

炫酷机器

内容提要

- 魔球
- 三轴陀飞轮
- 遥控火箭炮
- 蜘蛛坦克

6.1 遥控魔球

6.1.1 概述

乐高遥控魔球是一个构思巧妙，效果神奇的作品。其外形是一个球体，由于可以采用遥控方式朝任意方向滚动，所以有了魔球之名。

魔球有两个主要的部件，一个是直径为22个单位的球体外壳，由大量1号、3号、6号角块和3号轴等零件构成，如图6-1所示。

另一个部件是魔球内部电控组件，称之为中心机构，由马达、电池箱和遥控接收器等零件组成，如图6-2所示。

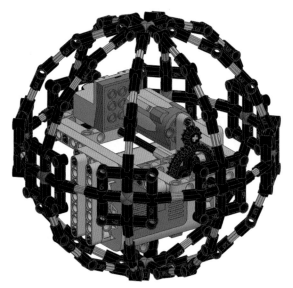

图 6-1 乐高遥控魔球

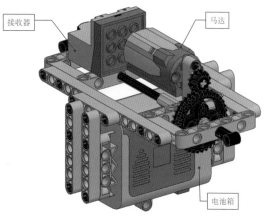

图 6-2 魔球中心机构

魔球的动力单元采用中马达，能量单元采用 5 号电池箱。

作品概况：

零件数量：279

长度：22 单位

宽度：22 单位

高度：22 单位

动力单元：PF 中马达

能量单元：5 号电池箱

驱动方式：遥控

6.1.2　动态效果

打开电池箱上的电源开关，拨动方向不

限。采用遥控器遥控马达转动，魔球就会滚动起来。由于是一个球体，其滚动的方向是无限的。起初可能会感到控制很困难，但是经过一段时间的练习，操控者甚至可以控制球的滚动方向和速度。

魔球的滚动有两种形式。一种是遥控滚动，其形式是中心机构驱动外壳滚动，中心机构基本保持不动，外壳在地面上滚动。图 6-3 所示为从左至右顺时针遥控滚动示意图。

另一种是惯性滚动，也就是中心组件停转后，中心组件和外壳一起利用惯性滚动。图6-4 所示为从左至右顺时针惯性滚动示意图。

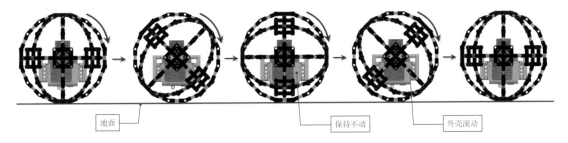

图 6-3　魔球遥控滚动示意图

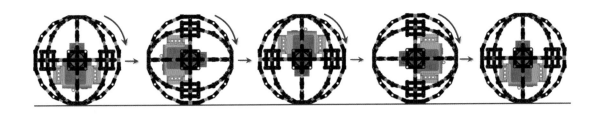

图 6-4　魔球惯性滚动示意图

手机扫码观看遥控魔球视频演示。

6.1.3 结构解析

乐高魔球效果神奇，其实原理却十分简单，利用的就是重心的变化。

从质量分布上看，魔球内部电控组件的质量被设计成不均匀分布。其上方的遥控接收器和中马达的质量总和为 45 克左右，而下方的 5 号电池箱装上电池后质量达到 200 克左右（根据安装电池的不同，质量为 190 ~ 210 克），二者相差将近五倍，如图 6-5 所示。

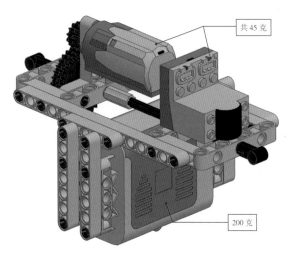

图 6-5　内部机构的质量分布

在静止状态下，由于重力的作用，电池箱必然位于魔球的底部，这样才能保持整个系统的平衡。

从结构上看，中心机构的中间有一根贯通的轴，轴上装有一个 36T 齿轮，轴的两端通过两个 1 号角块与外壳形成刚性连接。而其他部分都可以绕着这根轴做 360°转动，并且所有的零部件都不会触碰到球体的内壁，如图 6-6 所示。

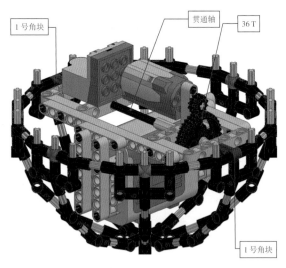

图 6-6　中心机构与外壳的连接

当遥控接收器接收到信号后驱动马达转动，假定与马达相连的 12T 双面齿轮开始顺时针转动。如果此时魔球外壳处于静止状态，中心机构将会围绕 36T 齿轮和贯通轴开始顺时针转动，如图 6-7 所示。

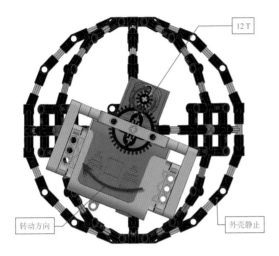

图 6-7　中心机构开始转动

随着 12T 双面齿轮继续转动，中心机构继续顺时针向左上方摆动。当其到达一定高度的时候，其作用在贯通轴上的力矩将超过地面对外壳的支撑力，整个系统失去平衡，外壳开始逆时针滚动，如图 6-8 所示。

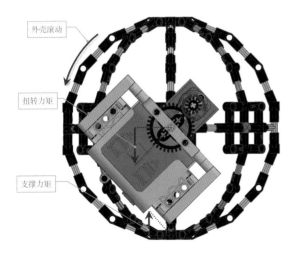

图 6-8　中心机构力矩大于支撑力矩

当外壳开始滚动之后，电池箱将保持位于底部的状态，其滚动效果如图 6-3 所示。

6.1.4　搭建指南

1. 电池箱的选择

由于这个作品的运行原理主要是依靠重心的变化，所以零件的选择和安装需要格外注意。能量单元一定要用 5 号电池箱，这样才能保证中心机构的重心质量足够大。

根据笔者的测量，采用普通 5 号干电池，电池箱的总质量约为 190 克。如果采用可充电电池，由于电池内部结构的不同，总质量会更高，可以达到 210 克。此外，还可以将遥控接收器安装到电池箱这一侧，这样中心机构底部的质量会更大，如图 6-9 所示。

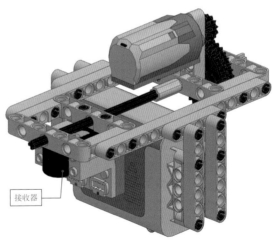

图 6-9　遥控接收器倒置

2. 安装软轴

为了魔球的美观和表面的圆润，可以在角块之间用各种规格的软轴进行连接，这样处理的魔球操控性会更好，如图 6-10 所示。

图 6-10　安装软轴的魔球

3. 零件表

魔球共使用零件 20 种 279 个，其中 3 号轴和 3 号角块需求量较大，零件表如图 6-11 所示。

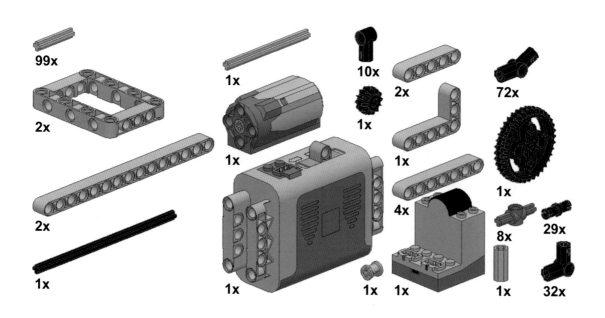

图 6-11　魔球零件表

4. 组装和成品图

组装和成品图见图 6-12。

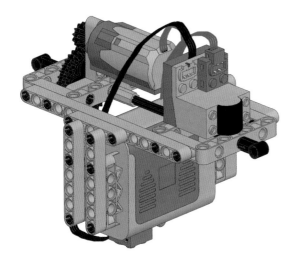

内部机构

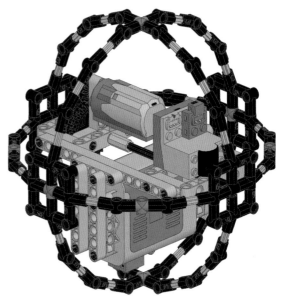

安装上半部分壳体

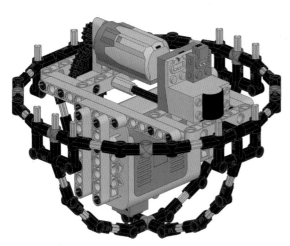

安装下半部分外壳

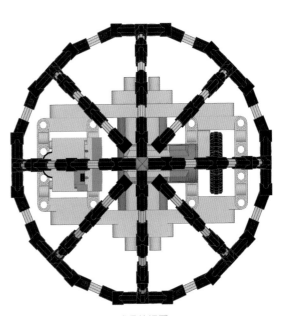

成品俯视图

图 6-12　魔球装配及成品图

5. 搭建步骤图

魔球搭建步骤图共 58 步，如图 6-13 所示。

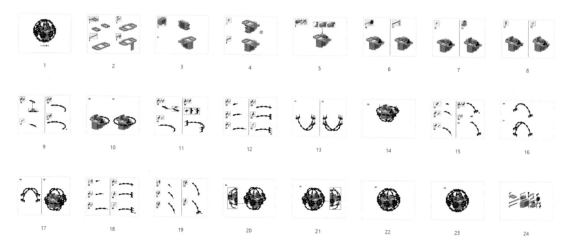

图 6-13　魔球搭建步骤图

手机扫码观看乐高魔球搭建视频指导。

6.2　三轴陀飞轮

6.2.1　概述

陀飞轮作为一个部件，已经成为高档手表的代名词。首先科普一下，什么是陀飞轮？

陀飞轮是瑞士钟表大师路易·宝玑先生在 1795 年发明的一种钟表调速装置，有"漩涡"之意。陀飞轮手表代表了机械表制造工艺中的最高水平，整个擒纵调速机构组合在一起以一定的速度不断地旋转，使其将地心引力对机械表中"擒纵系统"的影响减至最低限度，提高走时精度。

陀飞轮由于其独特的运行方式，已经把钟表的动感艺术美发挥到登峰造极的地步，历来被誉为"表中之王"，图 6-14 所示为陀飞轮手表。

图 6-14　陀飞轮手表

陀飞轮机构根据其结构可分为单轴陀飞轮、双轴陀飞轮和三轴陀飞轮等种类。轴的数量越多，结构越复杂，图 6-15 所示为三轴陀飞轮总成。

图 6-15　三轴陀飞轮总成

了解了那么多的理论，但是对于陀飞轮到底是如何运行的，其实很多人还是一头雾水。本节介绍的是一款用乐高搭建的三轴陀

飞轮机构，用简单的结构，形象地展示陀飞轮的工作原理，让人一目了然、印象深刻。

乐高版三轴陀飞轮机构分为支架、一级动轴、二级动轴、三级动轴、摆轮、擒纵机构、动力机构和传动系统等几个部分组成。乐高版双轴陀飞轮机构成品如图 6-16 所示。

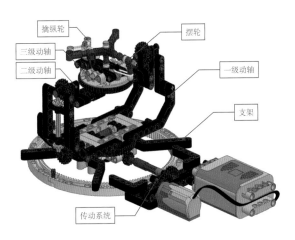

图 6-16　三轴陀飞轮机构

这个作品的动力单元采用中马达，能量单元采用 5 号电池箱。

作品概况：

零件数量：232

长度：38 单位

宽度：22 单位

高度：16 单位

动力单元：中马达

能量单元：5 号电池箱

驱动方式：电动

6.2.2 动态效果

打开电池箱的电源开关,陀飞轮机构开始运转。陀飞轮机构的运转规律如下。

(1)一级动轴的框架沿垂直轴向顺时针转动;

(2)一级动轴通过行星齿轮机构将动力传递到二级动轴,该动轴在随同一级动轴转动的同时绕水平轴向转动;

(3)二级动轴通过行星齿轮系统将动力传递给三级动轴,该动轴在随同二级动轴转动的同时逆时针转动。

(4)二级动轴将动力传递给三级动轴,三级动轴在随同二级动轴转动的同时做逆时针转动。

(5)摆轮随同三级动轴转动,在擒纵机构的配合下,使擒纵机构产生规律性的脉动式转动。陀飞轮机构各部件的运动规律,如图6-17所示。

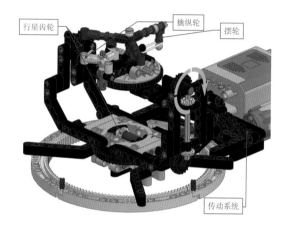

图6-17 三轴陀飞轮各部件运动规律

三轴陀飞轮机构的几个运行状态,如图6-18所示。

图6-18 三轴陀飞轮运行状态

手机扫码观看三轴陀飞轮机构视频演示。

6.2.3　结构解析

1. 擒纵机构和陀飞轮

擒纵机构是现代机械钟表的核心，被称为钟表的灵魂。擒纵机构本质上是一种时序性的开关，一擒一纵之间将传动切断和导通，从而将发条传动过来的连续转动转换成精确的周期性摆动。图 6-19 所示为钟表上的擒纵机构。

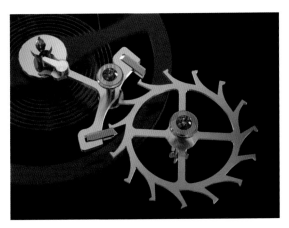

图 6-19　擒纵机构示意图

但是普通机械表擒纵机构的位置都是固定不变的，这样长期使用会受到地心引力和磨损的影响，精度越来越差。

图 6-20 所示为五十川芳仁先生设计的一款乐高版摆钟。这个作品的擒纵机构是固定在框架上的，只能原地转动。

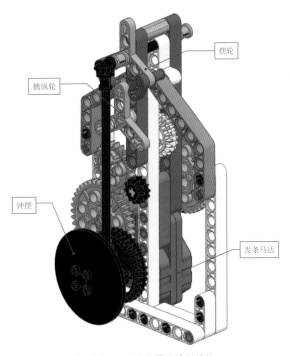

图 6-20　固定位置的擒纵机构

陀飞轮机构的核心思想就是把擒纵机构安装在一个可以转动的支架上，并随着支架一起转动。这样可以抵消和平衡地心引力以及机械磨损，大大地提高擒纵机构的运行精度，从而提高手表的走时精度。

用乐高零件可以模拟和表现单轴陀飞轮到三轴陀飞轮的所有机构，图 6-21 所示为单轴陀飞轮机构。

静态齿圈

摆轮

橡筋

擒纵轮

支架

运动轨迹

图 6-21　乐高版单轴陀飞轮机构

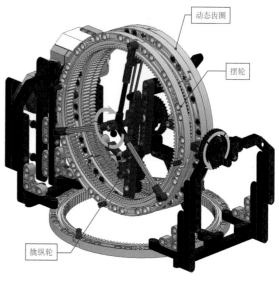

动态齿圈

摆轮

擒纵轮

图 6-22　乐高双轴陀飞轮机构

在单轴陀飞轮机构中，支架和静态齿圈都是静止不动的。平衡轮采用大齿圈搭建，红色橡筋作为游丝。摆轮在传动机构驱动下轮绕其中心转动。擒纵机构在自转的同时也围绕平衡轮的轴心做圆周转动（运动轨迹为图中的蓝色虚线圆圈）。

这样的结构使擒纵机构有了一个圆周运动。较之于固定位置的擒纵机构前进了一大步。但是，其运动的轨迹还是比较单一，要让擒纵机构的运动更加复杂，就需要加入另一个轴向的转动，于是就有了双轴陀飞轮机构，如图 6-22 所示。

在双轴陀飞轮机构中，单轴版本中的静态齿圈也被设计成了可转动形式的动态齿圈。这个齿圈做水平轴向的连续转动。这样一来，擒纵机构的运动除了随同摆轮转动之外，还要和摆轮一起随同动态齿圈转动。擒纵机构的运动轨迹分布在一个球面上，比单轴版本的更加复杂了。可以预见，安装了双轴陀飞轮机构的钟表，肯定比单轴版本的精度更高。图 6-23 所示为乐高双轴陀飞轮机构的几个运行状态。

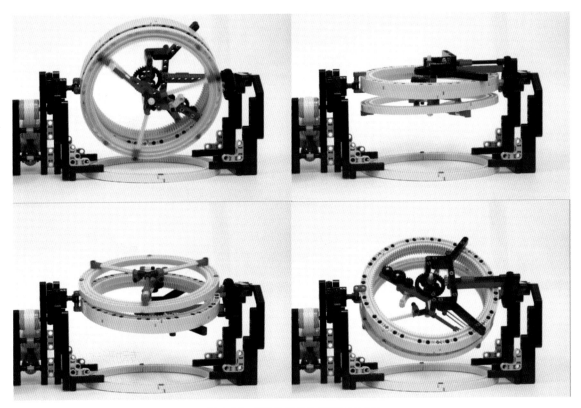

图 6-23　双轴陀飞轮机构的运行状态

2.三轴陀飞轮机构详解

本章介绍的三轴版本陀飞轮机构较之双轴版本，运动轨迹更加复杂，精度也更高。但是结构也随之变得更加复杂了。

在三轴陀飞轮机构中，有两组行星齿轮系统起到了关键的传动作用，图 6-24 所示为两组行星齿轮系统。

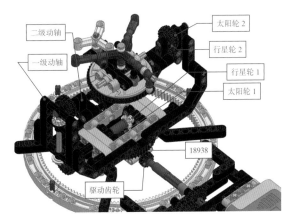

图 6-24　两组行星齿轮系统

三轴陀飞轮机构的动力传输路径如下。

（1）从传动系统输出的动力，通过动力齿轮驱动大转盘（18938），该转盘带动一级动轴转动。

（2）18938转盘的中间有一组行星齿轮系统，固定不动的太阳轮是12T双面齿轮（太阳轮1），围绕其转动的行星轮为12T锥齿轮（行星轮1）。

（3）通过这个行星轮，将动力传递到二级动轴。二级动轴的一端还有一组行星齿轮，太阳轮为20T双面齿轮（太阳轮2），行星轮为12T双面齿轮（行星轮2）。

（4）后续的传动如图6-25所示。二级动轴上安装了大齿圈50163，行星轮2带动与其同轴的一个12T锥齿轮（齿轮a），该齿轮将动力传递给与其啮合的12T双面齿轮（齿轮b），齿轮b带动与其同轴的三级动轴和摆轮一同转动。

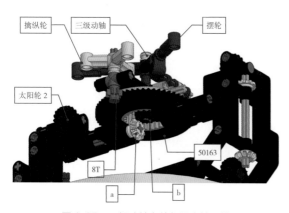

图6-25　三级动轴上的行星齿轮系统

（5）摆轮安装在5016转盘的浅灰色底盖部分，带动擒纵轮一起转动，擒纵轮的转轴通过一个8T齿轮与顶盖边缘的齿圈啮合，二者的相对运动形成擒纵轮的连续转动。

6.2.4　搭建指南

1. 零件指南——乐高中的橡筋

常用的环形橡筋有四种规格，其表征方式为直径尺寸，如图6-26所示。

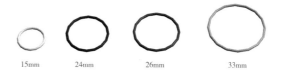

图6-26　乐高中的四种橡筋

- 15mm橡筋，通常为白色；
- 24mm橡筋，通常为红色；
- 26mm橡筋，通常为蓝色；
- 33mm橡筋，通常为黄色。

这几种橡筋的共同特点是，其横截面都是圆形的。这样的设计是为了在传动的时候获得更大的摩擦力。

2. 橡筋的用途

橡筋的用途主要有两个方面，一是利用橡筋的弹性进行储能，帮助机械结构进行复位或产生弹力；二是利用橡胶的摩擦力作为传动元件。具体介绍如下。

- 储能功能。利用橡筋的弹性，使两个

零件之间产生持续的收缩力矩。图 6-27 所示为五十川芳仁先生的作品，其中橡筋的作用是拉近与其连接的元件，使悬架具有避震效果。

图 6-27　橡筋避震

● 传动功能。橡筋作为传动元件，与其配合的常用零件是半轴套（32123）和滑轮（4185），如图 6-28 所示。

图 6-28　橡筋传动常见用法

这两个零件的特点是，其边缘带有半圆形的凹槽，与圆形截面橡筋配合时接触面积较大，可以获得较大的摩擦力。

相比于常见的齿轮传动，橡筋传动的优点是布局灵活，安装方便。不足之处是传动不稳定，容易打滑。但是橡筋传动容易打滑，在有些情况下也是个优点，可以产生过载保护，避免零件和马达受损。

Roboriseit 工作室设计的 WeDo 卷角龟中，使用了两根红色橡筋作为传动元件，通过齿轮齿条机构驱动卷角龟头部的伸缩。当头部运行到两端的极限位置时，橡筋就会打滑，保护传动系统上的所有零件不受损伤，如图 6-29 所示。

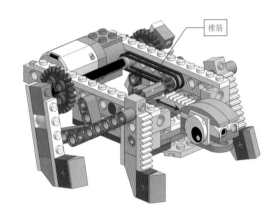

橡筋

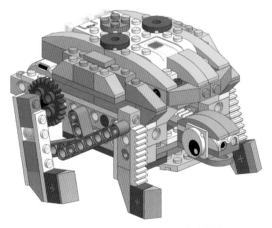

图 6-29　WeDo 卷角龟中的传动橡筋

2. 零件的选择

这个作品中用到了两个大齿圈，但是这两个齿圈的型号是不一样的。底部一号动轴上使用的是 60 齿的 18938。这里选择这个零件的目的是，利用其齿圈侧面的倒角和动力输入的双面齿轮做直角传动。

顶部的二号动轴上安装的是 56 齿的 50163 齿圈。在选择和安装的时候切勿弄错，如图 6-30 所示。

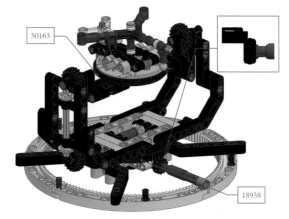

图 6-30　两种不同型号的大齿圈

3. 零件表

乐高三轴陀飞轮共使用零件 67 种 232 个，零件表如图 6-31 所示。

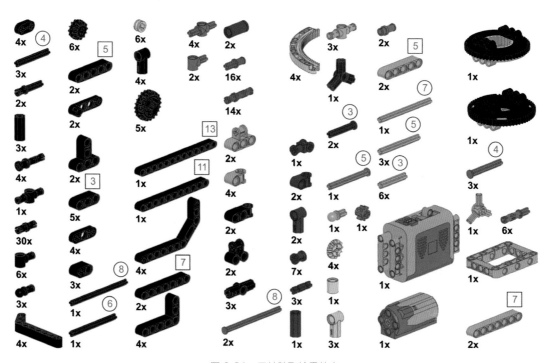

图 6-31　三轴陀飞轮零件表

4. 组装和成品图

组装和成品图见图 6-32。

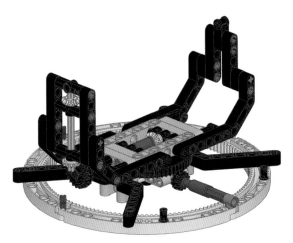

底座和一级动轴

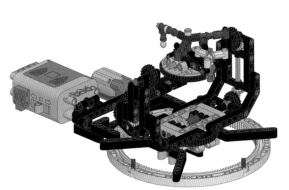

成品右前方

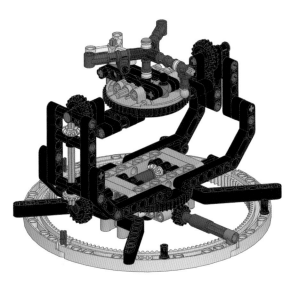

二级和三级动轴安装完成

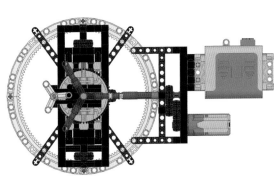

成品俯视图

图 6-32　三轴陀飞轮俯视图

5. 搭建步骤图

三轴陀飞轮搭建步骤图共 64 步，如图 6-33 所示。

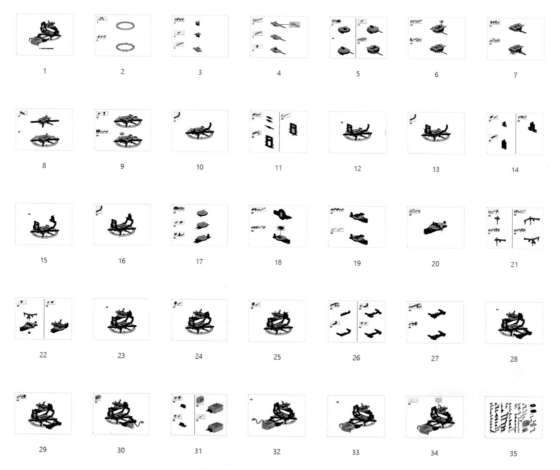

图 6-33　三轴陀飞轮搭建步骤图

手机扫码观看三轴陀飞轮搭建视频指导。

6.3　遥控火箭炮

6.3.1　概述

乐高遥控火箭炮是一款极为精彩的武器类科技作品，它可以通过遥控方式发射"火箭弹"，火力强大。遥控火箭炮的成品外形如图6-34所示。

图6-34　乐高遥控火箭炮

从结构模块上划分，这个作品分为三大部分：底座、火箭发射巢和电控（电池箱和遥控接收器）部分，如图6-35所示。

图6-35　火箭炮模块

这个作品采用遥控方式操控，一共使用了两个遥控接收器。动力单元采用了3个中马达，能量单元为5号电池箱。

作品概况：

零件数量：470

长度：26单位

宽度：18单位

高度：20单位

动力单元：中马达×3

能量单元：5号电池箱

驱动方式：遥控

6.3.2　动态效果

遥控火箭炮通过遥控方式操作，可实现火箭发射巢的发射角度控制、水平转动和火箭弹的发射。

火箭发射巢的抬头和低头，通过其下方的一个线性推杆（编号92693）的伸缩实现。火箭发射巢的水平转动，通过其底部的大转盘（50163）实现，如图6-36所示。

火箭炮最为引人入胜的功能是发射"火箭弹"，通过遥控可以在2秒钟之内将31枚"火箭弹"全部发射出去，火力十分强大。

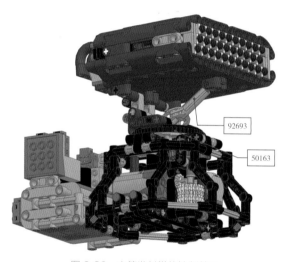

图 6-36　火箭发射巢的控制单元

手机扫码观看遥控火箭炮视频演示。

6.3.3　结构解析

1. 底座

底座是这个作品的核心部分，不但为整个模型提供一个稳定的基座，其内部也安装了复杂的动力和传动系统，底座总成如图 6-37 所示。

图 6-37　火箭炮底座

底座的外框是一个八边形的棱台框架，采用大量4号角块和轴、销等零件搭建而成，如图6-38所示。

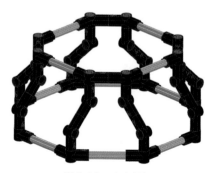

图 6-38　底座框架

底座内部安装了两套动力和传动系统，分别用来控制火箭发射巢的发射角度和水平转动，如图6-39所示。

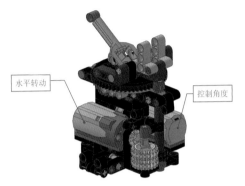

图 6-39 底座内部机构

水平旋转系统的传动示意图如图6-40所示，这个系统主要由7个齿轮构成。马达输出的动力，通过一套齿轮传动系统最终驱动大转盘的黑色齿圈转动。如果马达顺时针转动，大齿圈则逆时针转动。反之，大齿圈将逆时针转动。大转盘再带动固定在其上的火箭发射巢转动。

图 6-40 水平旋转系统

角度控制系统传动示意图如图6-41所示，这个系统主要由6个齿轮构成。如果马达逆时针转动（从马达端面观察），最终会形成推杆向外伸出，火箭发射巢角度升高。

反之，如果马达逆时针转动，最终会形成推杆向里收缩，火箭发射巢角度降低。

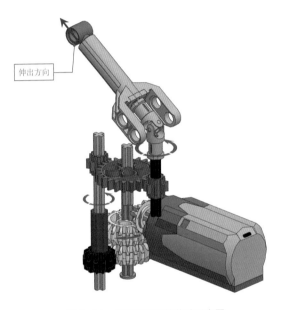

图 6-41 角度控制系统传动示意图

底座组件设计得极为紧凑，在仅有7×9×10个乐高单位的空间里，竟然装进了包括两个中马达在内的137个零件，几乎做到了密度的极限。

2. 火箭发射巢

火箭发射巢也是这个案例中非常精彩的设计，其外形是一个长宽高分别为16×15×5的长方体。外壳采用5×11平面和 3×11 弧形科技面板覆盖，造型非常美观，如图 6-42 所示。

图 6-42　火箭发射巢正面

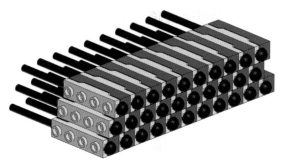

图 6-44　火箭弹模块

发射巢的背面装有一套发射动力机构，这套系统包括一个中马达和一套齿轮传动系统，是为发射火箭弹提供动力的，如图 6-43 所示。

其实，这些"火箭弹"是乐高中的一种零件——发射砖（编号 15301）和与其配套的蘑菇头飞镖（编号 15303）。

发射砖的外形与一个标准的 1×4 砖块完全一致，其内部装有弹簧，两端带有圆孔。飞镖从发射砖的一端插入，飞镖杆中间有一个小凸起，安装到位后，这个凸起会卡在发射砖的另一端。沿发射砖凸点的反方向按压飞镖杆的尾部，飞镖就会发射出去，如图 6-45 所示。

图 6-43　火箭发射巢背面

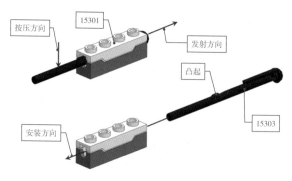

图 6-45　发射砖和飞镖

火箭发射巢最引人注目的是正面安装的 31 组"火箭弹"，如图 6-44 所示。

发射巢后方的发射动力机构，在中马达的驱动下，12T 双面齿轮逆时针转动，带动齿条向右侧移动，齿条带动拨动块向右运动，依次拨动飞镖的尾部，将飞镖发射出去，如图 6-46 所示。

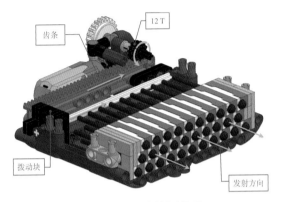

图 6-46　火箭弹发射机构

3. 电控部分

电控部分主要由 5 号电池箱和两个遥控接收器（58123）组成，通过其一侧的 4 个 2 号轴与主框架相连接，如图 6-47 所示。

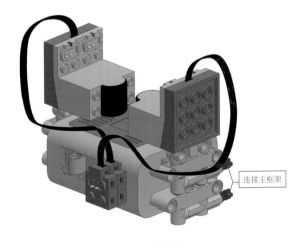

图 6-47　电控部件

6.3.4　搭建指南

1. 零件指南——乐高中的推杆

乐高中的推杆（Linear Actuator），也被称为线性制动器。主要有两种规格，一种是被称为小推杆的 92693；另一种是被称为大推杆的 61927。

92693 的直径为 1 个单位，完全收缩的情况下的长度为 7 个单位，完全伸出后的长度为 10 个单位。驱动这个推杆，需要在尾部的橙色轴上输入转动。

61927 的直径为 2 个单位，完全收缩的情况下的长度为 11 个单位，完全伸出后的长度为 16 个单位。驱动这个推杆，需要在其尾部的轴孔里输入转动，如图 6-48 所示。

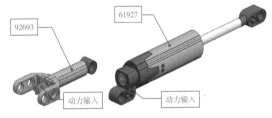

图 6-48　两种乐高推杆

小推杆的动力输入可以直接和马达连通，也可以利用其尾部的变速箱做直角传动输入。可以使用的齿轮主要包括 12T 双面齿轮、12T 锥齿轮和 20T 锥齿轮，不同的齿轮配置，可以形成等速和加速两种配置，如图 6-49 所示。

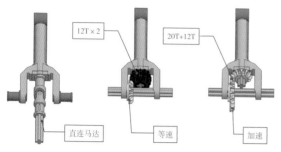

图 6-49　小推杆的动力输入方式

12T×2

20T+12T

直连马达　等速　加速

达直接相连。

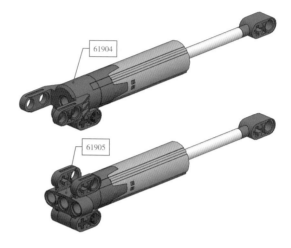

61904

61905

图 6-50　大推杆的两种支架

大推杆有两个与其配套的支架，采用 2 号轴和推杆的尾部装配在一起，如图 6-50 所示。上方的支架编号为 61904，其尾部带有变速箱，它的使用方法和小推杆一致。下方的支架编号为 61905，一般用于和马

推杆在科技类作品中主要的功能是产生推力，尤其是大推杆产生的推力是相当大的。乐高官方科技套装 42055 上就使用了两个大推杆，作为机械臂升降的驱动元件，图 6-51 所示为 42055 成品模型。

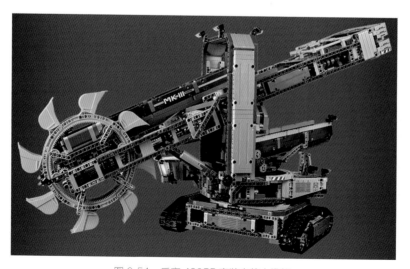

图 6-51　乐高 42055 套装中的大推杆

2. 零件表

乐高火箭炮共使用零件 47 种 470 个，零件表如图 6-52 所示。

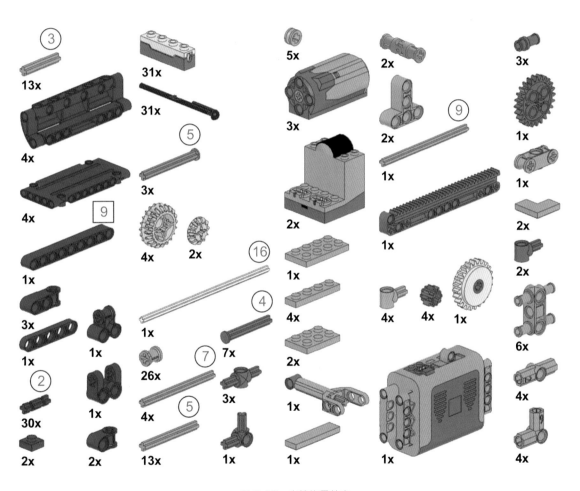

图 6-52　火箭炮零件表

3. 组装和成品图

组装和成品图见图 6-53。

底座

电控部分安装

发射巢安装

成品前视图

图 6-53　火箭炮组装和成品图

4. 搭建步骤图

火箭炮搭建步骤图共 117 步，如图 6-54 所示。

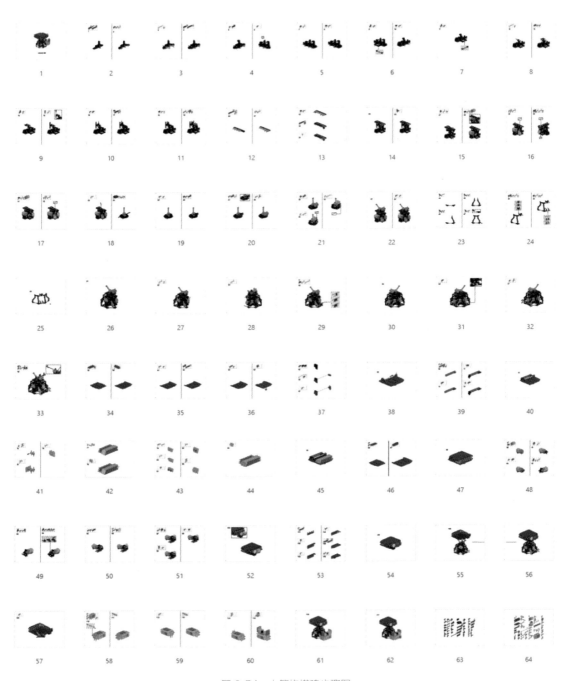

图 6-54 火箭炮搭建步骤图

手机扫码观看乐高火箭炮搭建视频指导。

6.4 蜘蛛坦克

6.4.1 概述

乐高遥控蜘蛛坦克属于科幻类科技作品，和一般意义上的坦克最大的不同是，这款坦克并没有常见的履带行走机构，而是采用了多足行走机构。

蜘蛛坦克可分为两大模块——上方的炮塔和下方的六足行走机构。蜘蛛坦克的成品外形如图 6-55 所示。

图 6-55　乐高蜘蛛坦克

蜘蛛坦克的六足行走机构又与通常的六足机器人有所不同。通常见到的六足机器人，其腿部机构的分布形式一般分为两种——平面摆动和划动。

图 6-56 所示为典型的平面摆动型六足机器人，其特点是六条腿的足尖运动都是在一个平面上的弧形摆动。

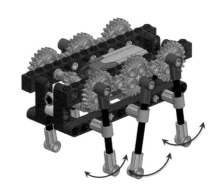

图 6-56　平面摆动六足机器人

图 6-57 所示为典型的划动型六足机器人。足尖的运动轨迹较之平面摆动型更复杂，既有前后摆动，也有内外摆动。

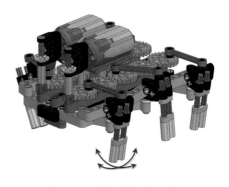

图 6-57　划动型六足机器人

比较上述两种六足运动形式，划动型六足的运动方式与真实的六足动物最为接近，但是这类机器人的结构往往也比较复杂。

这款六足机器人的六条腿的分布形式非常特别，从俯视方向观察，六条腿是呈正六边形分布的，如图 6-58 所示。

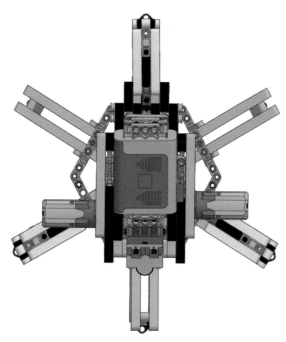

图 6-58　正六边形分布的腿

这个作品采用两个中马达作为动力单元，分别控制炮塔的转动和六足的运动，能量单元为 5 号电池箱。

作品概况：

零件数量：373

长度：30 单位

宽度：30 单位

高度：32 单位

动力单元：中马达 ×2

能量单元：5 号电池箱

驱动方式：遥控

6.4.2　动态效果

打开电源开关，采用遥控器操控蜘蛛坦克。两个控制杆分别用于控制炮塔的旋转和六足行走机构的前后行走。炮塔可 360° 连续转动。

六足行走机构的行走方向由炮塔的方向决定。前进方向为遥控器方向，背对遥控器方向为反方向，如图 6-59 所示。

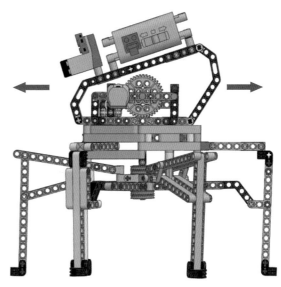

图 6-59　蜘蛛坦克的行进方向

要控制蜘蛛坦克的行走方向，首先转动炮塔到需要的方向，再控制六足行走机构向前或向后行走。

手机扫码观看蜘蛛坦克视频演示。

6.4.3 结构解析

1. 六足行走机构

六足行走机构包括六边形框架、六足和枢纽块等几个模块组成，如图 6-60 所示。

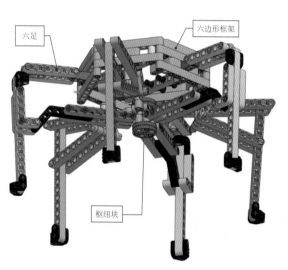

图 6-60 六足行走机构的模块

六边形框架采用各种规格的梁和销等零件搭建而成，它是一个边长为 9 个单位的正

六边形框架，为蜘蛛坦克的所有零部件提供稳定的支撑。中间的四个大头销用于固定炮塔，如图 6-61 所示。

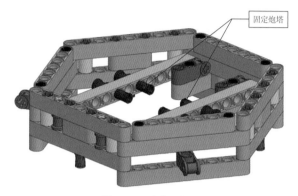

图 6-61 六边形框架

蜘蛛坦克的六条腿有两种不同的结构，每种结构的腿各三组，如图 6-62 所示。

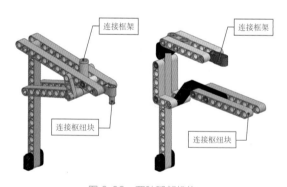

图 6-62 两种腿部机构

图 6-62 中，左侧的腿为低位腿，右侧的为高位腿。两种腿部机构都可以围绕框架转动，也可以在枢纽块的驱动下摆动，实现两个方向上的划动，如图 6-63 所示。

图 6-63　腿部机构的自由度

2. 枢纽块

枢纽块是连接炮塔输出的动力来驱动六条腿的一个关键部件，由薄轮毂（编号4185）、米妮（编号41678）、小象（编号32557）和三单位摩擦销等 16 个零件构成。

四个薄轮毂中心的轴孔用于和炮塔连接，三个米妮用于连接低位腿，三个小象用于连接高位腿，如图 6-64 所示。

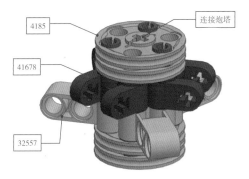

图 6-64　枢纽块

3. 炮塔

炮塔的主体是一个不规则七边形框架，底部通过一个大转盘（编号 50163）与六边形框架连接。

框架上方安装有电池箱和遥控接收器。框架内部是两套齿轮传动系统，分别由两侧的两个中马达驱动，一套系统用于驱动转盘，形成炮塔的转动；另一套系统用于驱动六足行走机构行走。

底部伸出的 5 号钉头轴与枢纽块相连接，将动力传递给六足行走机构，如图6-65 所示。

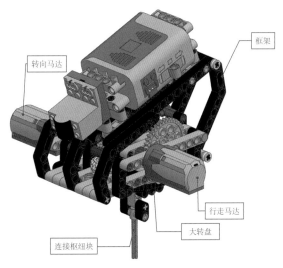

图 6-65　炮塔

炮台转动系统由一个中马达和三个齿轮等零件构成，如图 6-66 所示。如果中马达顺时针转动，最终将驱动大转盘的黑色齿圈逆时针转动。

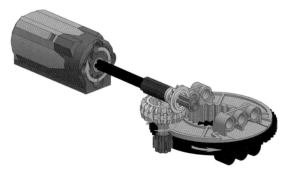

图 6-66　炮塔转动系统

行走机构驱动系统由中马达、四个齿轮、曲柄、摆臂、限位套管、连杆等零件组成，如图 6-67 所示。

这套系统的传动流程如下。

（1）中马达输出的动力通过两个 8T 齿轮传递给两个 40T 齿轮；

（2）40T 齿轮带动同轴的两个曲柄转动。这里使用两个 40T 齿轮和两个曲柄的作用是增加传动的稳定性；

（3）曲柄带动摆臂摆动，由于在摆臂的中间位置有两个限位套管的约束，摆臂的末端将做弧形的往复摆动；

（4）摆臂带动其末端的连杆，再通过与连杆相连的 5 号钉头轴将动力传递给枢纽块，最终由枢纽块驱动六足行走机构。

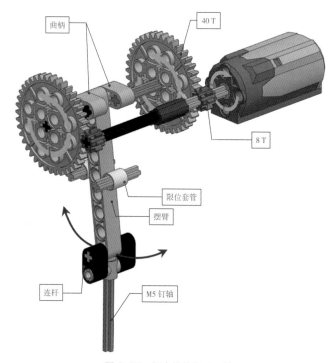

图 6-67　行走机构驱动系统

6.4.4　搭建指南

1. 零件表

蜘蛛坦克共使用零件 61 种 373 个，零件表如图 6-68 所示。

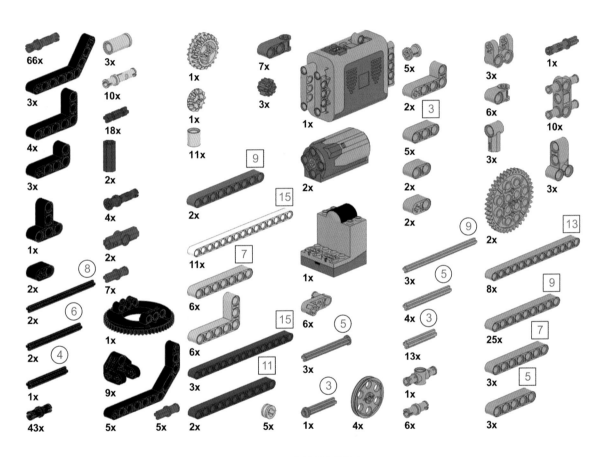

图 6-68　蜘蛛坦克零件表

2. 组装和成品图

组装和成品图见图 6-69。

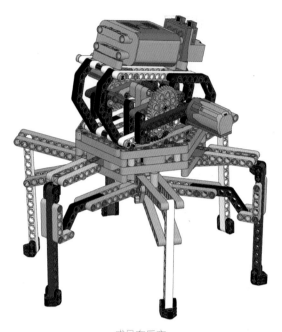

高位腿安装完成

成品右后方

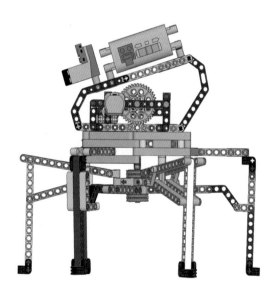

六足安装完成

成品侧视图

图 6-69　蜘蛛坦克组装和成品图

3. 搭建步骤图

蜘蛛坦克搭建步骤图共 86 步，如图 6-70 所示。

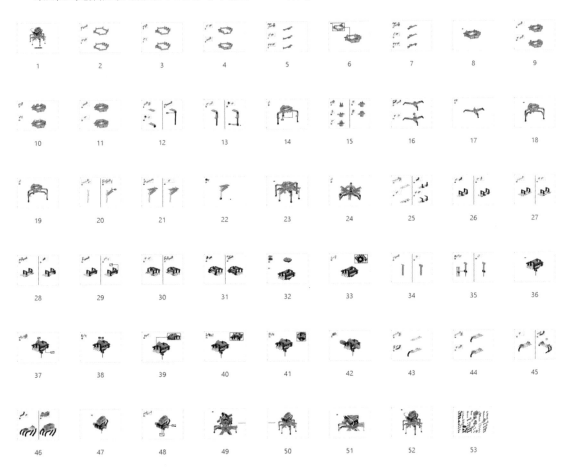

图 6-70　蜘蛛坦克搭建步骤图

手机扫码观看乐高蜘蛛坦克搭建视频指导。

附录　零件总表

（数量代表搭建书中所有案例所需要的最少零件数，颜色不限）

缩略图	编号	数量	缩略图	编号	数量	缩略图	编号	数量
	32062	26		55013	4		11955	3
	4519	99		3708	8		6589	9
	3705	22		50451	1		32270	6
	32073	34		15462	4		94925	11
	3706	10		87083	16		32269	11
	44294	16		6587	8		32198	2
	60485	5		24316	11		3648	14

续表

缩略图	编号	数量	缩略图	编号	数量	缩略图	编号	数量
	3737	1		3647	2		32498	4
	3649	8		42610	48		32002	12
	4716	3		50951	48		4274	12
	6573	2		88516	2		6558	66
	76019	4		88517	2		32556	16
	4185	10		56902	12		32054	7
	2815	10		6588	1		11214	6
	55982	4		3673	66		6628	12

续表

缩略图	编号	数量	缩略图	编号	数量	缩略图	编号	数量
	30391	4		43093	5		2780	77
	6562	99		41678	3		32015	12
	6590	29		10197	1		32014	32
	32123	15		27940	8		42003	8
	57585	8		87082	15		32184	22
	61903	7		32013	6		32039	24
	32557	3		32034	32		60483	16
	63869	2		32016	71		6536	60

续表

缩略图	编号	数量	缩略图	编号	数量	缩略图	编号	数量
	32291	2		32192	32		15100	10
	22961	4		32072	1		44374	2
	48989	12		41677	44		32006	6
	55615	8		6632	16		32056	1
	10288	1		32449	2		32250	8
	6538	3		32017	4		43857	5
	59443	22		32063	8		32523	5
	62462	16		32065	4		32316	8

续表

缩略图	编号	数量	缩略图	编号	数量	缩略图	编号	数量
	41669	6		2905	32		32524	13
	40490	25		6629	4		18938	1
	32525	11		60484	16		18654	11
	41239	8		32005	6		11954	4
	32278	11		18940	1		15458	2
	32140	44		18942	1		64782	4
	32526	34		64179	14		23950	1
	32271	4		64178	4		24116	1
	32009	12		50163	1		32126	4

续表

缩略图	编号	数量	缩略图	编号	数量	缩略图	编号	数量
	6541	1		3623	3		3068	2
	3700	2		3710	7		2431	2
	3701	2		4477	8		3069	2
	3894	4		15397	1		87079	4
	3702	8		3021	12		3037	1
	3895	2		3020	4		87408	6
	3024	2		3028	1		24121	4
	3023	4		3070	2		71076	5
	64391	3		601948	4		99008	1

续表

缩略图	编号	数量	缩略图	编号	数量	缩略图	编号	数量
	64392	1		6141	2		3960	2
	64394	3		4032	2		89509	4
	64680	3		32529	2		92693	1
	64682	1		92907	9		32199	1
	64683	3		99207	1		57519	8
	87080	4		44728	1		57520	16
	33299	6		60474	2		2736	1

续表

缩略图	编号	数量	缩略图	编号	数量	缩略图	编号	数量
	2444	6		15301	31		15303	31
	58119	1		58120	4		58121	1
	99499	1		64228	1		58123	2